第二版
The Second Edition

建筑施工管理
CAD 绘图
快速入门

JIANZHU SHIGONG GUANLI
CAD HUITU KUAISU RUMEN

谭荣伟　等编著 <<<

U0311410

化学工业出版社

·北京·

《建筑施工管理 CAD 绘图快速入门》第二版以 AutoCAD 最新简体中文版本（AutoCAD 2017 版本）作为设计软件平台，以建筑施工实际应用图形为绘制案例，紧密结合建筑施工现场及施工管理工作的特点与要求，详细介绍 AutoCAD 在建筑施工及施工管理工作中的操作应用方法与绘图技巧，包括 CAD 基本使用功能与高级操作技巧以及各种图形的绘制与编辑修改方法。通过本书学习，可以快速掌握使用 AutoCAD 进行各种建筑施工材料图案造型、建筑施工组织架构及流程图、建筑施工总平面布置图、建筑施工方案各种附图、建筑施工技术洽商及示意图等现场施工图及其节点详图相关图纸的绘制。同时还详细讲述如何从 CAD 软件中将图形转换输出 JPG/BMP 格式图片或 PDF 格式文件的方法，如何将 CAD 绘制的图形快速应用到 Word 文档中。由于 AutoCAD 大部分基本绘图功能命令是基本一致或完全一样的，因此本书也适合 AutoCAD 2017 以前版本（如 AutoCAD 2000～2016）或 AutoCAD 2017 以后更高版本（如 AutoCAD 2018、AutoCAD 2019）学习使用参考。此外，本书通过互联网提供书中各章讲解案例的 CAD 图形文件，可登录网址下载使用。

　　本书适合从事建筑施工、土木施工、岩土施工、水工施工、矿山施工、地质勘查测绘、桥梁施工、建筑施工管理、施工概预算、建筑施工咨询管理等专业的设计师、工程师与相关管理技术人员参考学习；也可以作为建筑施工相关行业领域技术职业学校和高等院校师生的教学、自学 CAD 图书以及社会相关领域 CAD 培训教材。

图书在版编目（CIP）数据

建筑施工管理 CAD 绘图快速入门 / 谭荣伟等编著.
2 版. —北京：化学工业出版社，2017.1
ISBN 978-7-122-28313-9

Ⅰ. ①建…　Ⅱ. ①谭…　Ⅲ. ①建筑工程-施工管理-AutoCAD 软件　Ⅳ. ①TU71-39

中国版本图书馆 CIP 数据核字（2016）第 250199 号

责任编辑：袁海燕　　　　　　　　　　装帧设计：刘丽华
责任校对：李　爽

出版发行：化学工业出版社（北京市东城区青年湖南街 13 号　邮政编码 100011）
印　　装：涿州市殷润文化传播有限公司
787mm×1092mm　1/16　印张 18¾　字数 483 千字　2017 年 1 月北京第 2 版第 1 次印刷

购书咨询：010-64518888　　　　　　　　　　售后服务：010-64518899
网　　址：http://www.cip.com.cn
凡购买本书，如有缺损质量问题，本社销售中心负责调换。

定　　价：59.80 元

《建筑施工管理 CAD 绘图快速入门》自出版以来，由于其切合建筑施工管理实际应用情况，操作精要实用、专业知识范围广泛、针对性强、内容全面、资料丰富，深受广大读者欢迎和喜爱。

基于计算机信息技术的迅猛发展及"互联网+"的不断创新，项目建设管理与建筑施工技术的不断发展，我国建设领域相关法规政策的完善和调整，加之 CAD 软件也不断更新换代，功能不断完善，原书中的部分内容也需要相应更新调整，以适应目前 CAD 软件新技术操作的实际情况和需要。为此本书作者根据最新的 CAD 软件版本及最新相关国家法规政策，对该书进行适当更新与调整，既保留了原书的切合实际、简洁实用、内容丰富等特点，又使得本书从内容上保持与时俱进，形式上图文并茂，使用上更加方便。主要修改及调整内容包括：

● 按照最新版本 AutoCAD 2017 软件进行相关操作功能及命令等内容的调整及更新，使得本书对不同版本的 AutoCAD 软件具有更强的通用性和灵活的适用性，可作为各个版本的学习参考教材（如以后推出的 2018、2019 等版本，及早期的 2004、2012、2016版本）。

● 增加了建筑施工轴测图 CAD 绘图的方法及案例讲解内容。

● 通过"互联网+"分享功能，提供书中各章讲解案例的 CAD 图形文件，读者随时登录书中提供的网址下载分享使用，更加快捷便利。

本书以 AutoCAD 最新简体中文版本（AutoCAD 2017 版本）作为设计软件平台，以建筑施工实际应用图形为绘制案例，紧密结合建筑施工现场及施工管理工作的特点与要求，详细介绍 AutoCAD 在建筑施工及施工管理工作中的操作应用方法与绘图技巧，包括 CAD 基本使用功能与高级操作技巧以及各种图形的绘制与编辑修改方法。通过本书学习，可以快速掌握使用 AutoCAD 进行各种建筑施工材料图案造型、建筑施工组织架构及流程图、建筑施工总平面布置图、建筑施工方案各种附图、建筑施工技术洽商及示意图等现场施工图及其节点详图相关图纸的绘制，包括钢筋混凝土墙体图案、各种钢筋造型图、项目组织架构图、施工进度计划横道图及网络图、施工工艺流程图、施工总平面布置图、土石方及基础施工方案附图、基坑降水与支护方案附图、建筑施工技术洽商图、建筑施工安全防护示意图、机电安装施工方案示意图等图纸绘制。同时还详细讲述如何从 CAD 软件中将建筑施工设计图形转换输出为 JPG/BMP 格式图片或 PDF 格式文件的方法，如何将 CAD 绘制的建筑施工设计图形快速应用到 Word 文档中，方便使用和浏览 CAD 图形。由于 AutoCAD 大部分基本绘图功能命令是基本一致或完全一样的，因此本书也适合 AutoCAD 2017 以前版本（如 AutoCAD 2000～2016）或 AutoCAD 2017 以后更高版本（如 AutoCAD 2018、AutoCAD 2019）的学习使用。此外，本书通过互联网提供书中各章讲解案例的 CAD 图形文件，可随时登录网址下载使用，方便读者对照学习。真正做到轻松入门，快速使用，全面提高的目的。

该书内容由作者精心策划和认真撰写，是作者多年实践经验的总结，注重理论与实践相结合，示例丰富、实用性强、叙述清晰、通俗易懂，保证该书使用和可操作性强，更为适合实际项目工程建筑施工及施工管理工作的使用需要。读者通过本书的学习，既能理解有关 AutoCAD 使用的基本概念，掌握 AutoCAD 进行建筑施工设计图形绘制的方法与技巧，又能融会贯通，举一反三，在实际建筑施工设计及施工管理工作中快速应用。因此，本书是一本总结经验、提高技巧的有益参考书。

本书适合从事建筑施工、土木施工、岩土施工、水工施工、矿山施工、地质勘查测绘、桥梁施工、建筑施工管理、施工概预算、建筑施工咨询管理等专业的设计师、工程师与相关管理技术人员，学习 AutoCAD 进行建筑施工设计图形绘制实用入门指导用书；也可以作为建筑施工相关行业领域技术职业学校和高等院校师生的教学、自学 CAD 图书以及社会相关领域 CAD 培训教材。

本书内容由谭荣伟负责策划和组织编写，黄冬梅、黄仕伟、雷隽卿、李淼、王军辉、许琢玉、卢晓华、苏月风、许鉴开、谭小金、李应霞、赖永桥、潘朝远、孙达信、黄艳丽、杨勇、余云飞、卢芸芸、黄贺林、许景婷、吴本升、黎育信、黄月月、韦燕姬、罗尚连等参加了相关章节编写。由于编者水平有限，虽然经过再三勘误，但仍难免有纰漏之处，欢迎广大读者予以指正。

编著者
2016 年夏

建筑施工一般是指建筑工程建设实施阶段的生产活动，是各类建筑物的建造过程；即把建筑施工图纸上的各种设计内容和构造形式要求，按照国家相关法规和规范标准技术规定，在指定的地点和空间，变成实物的过程。包括土石方施工、地基基础工程施工、防水工程施工、主体结构施工、机电设备安装施工、门窗与幕墙工程、装饰工程施工等相关大类。施工作业的场所和空间称为"建筑施工现场"或叫"施工现场"，俗称"工地"。建筑施工是房屋建设中比较重要的内容，也是与建筑工程设计密不可分的组成部分。建筑施工是建筑的实施阶段，为建筑设计方案最终实施、保证建筑空间安全等提供重要技术支持，其作用举足轻重。

在建筑施工管理中，常需要绘制一些图纸，例如施工组织的表格图、施工方案中的附图、技术洽商附图、施工工艺附图等，这些都可以使用 CAD 轻松快速地完成。在实际建筑施工管理中，施工管理人员学习掌握 CAD 绘图技能十分必要，CAD 可以有力地促进建筑施工管理工作，CAD 在一定程度上可以提高工作效率，方便进行技术交底、工作交流及汇报等。

早期的建筑施工进行图纸绘制主要是手工绘制，绘图的主要工具和仪器有绘图桌、图板、丁字尺、三角板、比例尺、分规、圆规、绘图笔、铅笔、曲线板和建筑模板等。随着计算机硬件技术的飞速发展，绘图摆脱了传统的手工绘制方式，实现了计算机绘图，使绘图效率和图面美观度等大为提高；也使更多更好、功能强大全面的工程设计软件得到更为广泛的应用，其中 AutoCAD 无疑是比较成功的典范。AutoCAD 是美国 Autodesk（欧特克）公司的通用计算机辅助设计（Computer Aided Design，CAD）软件，AutoCAD R1.0 是 AutoCAD 的第一个版本，于 1982 年 12 月发布。AutoCAD 至今已进行了十多次的更新换代，包括 DOS 版本 AutoCAD R12、Windows 版本 AutoCAD R14~2009、功能更为强大的 AutoCAD 2010~2013 版本等，在功能性、操作性和稳定性等诸多方面都有了质的变化。凭借其方便快捷的操作方式、功能强大的编辑功能以及能适应各领域工程设计多方面需求的功能特点，AutoCAD 已经成为当今工程领域进行二维平面图形绘制、三维立体图形建模的主流工具之一。

本书以 AutoCAD 最新简体中文版本（AutoCAD 2013 版本）作为设计软件平台，以实际建筑施工工程为案例，紧密结合建筑施工管理工作的特点与要求，详细介绍了 AutoCAD 在建筑施工管理工作中的应用方法与技巧，包括基本使用功能与高级操作技巧以及各种图形的绘制与编辑修改方法。通过学习本书内容，可以快速掌握 AutoCAD 进行建筑各种施工用表格、项目组织架构图、施工进度计划表、施工进度网络图、施工工艺流程图、施工技术方案图、施工技术洽商图、施工安全防护示意图及建筑机电安装施工方案示意图等的快速绘制及应用方法。同时本书还详细阐述了如何利用 CAD 软件将图形转换为 JPG/BMP 格式或 PDF 格式文件的方法，如何将 CAD 绘制的图形快速应用到 Word 文档中，以方便使用和浏览 CAD 图形。由于 AutoCAD 大部分基本绘图功能命令基本一致或完全一样的，因此本书也适合 AutoCAD 2013 以前版本（如 AutoCAD 2004 至 AutoCAD 2012）或 AutoCAD 2013 以后更高版本的学习。

在内容安排上，不仅精要而详细地介绍了 AutoCAD 的各种功能及其使用方法与技巧，而且全面又简明地阐述了建筑施工管理工作中经常使用到的各种表格、施工进度计划表、施工进度网络图、施工工艺流程图、项目组织架构图、施工方案图、施工技术洽商图、安全防护示意图及建筑机电安装施工方案示意图等的绘制过程和方法，真正做到帮助读者轻松入门，快速使用，全面提高的目的。

本书由作者精心策划和认真撰写，是作者多年实践经验的总结，注重理论与实践相结合，示例丰富、实用性强、叙述清晰、通俗易懂，使用和可操作性强，更为适合实际项目工程建筑施工管理工作使用需要。读者通过本书的学习，既能理解有关 AutoCAD 使用的基本概念，掌握 AutoCAD 进行建筑施工管理相关表格与图形绘制的方法与技巧，又能融会贯通，举一反三，在实际建筑施工管理工作中快速应用。因此，本书是一本总结经验、提高技巧的有益参考书。

本书适合从事建筑施工管理、机电设备安装施工管理、市政桥梁施工管理、建设工程监理、项目技术资料管理、施工档案管理、工程项目招投标管理以及项目办公室、测量测绘工程等相关管理人员、设计师、专业技术人员及施工人员，学习 AutoCAD 进行建筑施工管理工作建立相关表格与图形绘制的实用入门指导用书；也可以作为相关行业初、中级技术职业学校和高等院校师生的教学、自学 CAD 图书以及社会相关领域实用 CAD 培训教材。

本书内容由谭荣伟、李淼负责策划和组织编写。谭荣伟、李淼、黄仕伟、雷隽卿、王军辉、许琢玉、卢晓华、黄冬梅、苏月风、许鉴开、谭小金、李应霞、赖永桥、潘朝远、孙达信、黄艳丽、杨勇、余云飞、卢芸芸、黄贺林、许景婷、吴本升、黎育信、黄月月、韦燕姬、罗尚连等参加了相关编写工作。由于编者水平有限，虽然经过再三勘误，但仍难免有纰漏之处，欢迎广大读者予以指正。

编　者
2012 年 8 月

目录

1 第1章
建筑施工 CAD 绘图综述

2 第2章
建筑施工 CAD 绘图基本使用方法

3 第3章
建筑施工 CAD 基本图形绘制方法

第 4 章
建筑施工 CAD 图形修改和编辑基本方法

8 第8章
建筑施工方案各种附图 CAD 快速绘制

9 第9章
建筑施工技术洽商及示意图 CAD 快速绘制

10 第10章
建筑施工轴测图 CAD 快速绘制基本方法

第 11 章
建筑施工 CAD 图打印与转换输出

第 1 章

建筑施工 CAD 绘图综述

本章结合建筑施工管理的特点和要求，讲解 CAD 在建筑施工管理工作中的应用及其绘制方法。在实际建筑施工管理中，施工管理人员学习掌握 CAD 绘图技能是十分必要的，CAD 可以有力促进建筑施工管理工作，在一定程度上可以提高工作效率，方便进行技术交底、工作交流及汇报等。CAD 可以应用于建筑施工进度计划表绘制、施工进度网络图绘制、施工流程图绘制、施工方案图绘制、施工技术洽商图绘制及建筑竣工图修改和绘制等多方面工作。

1.1 建筑施工 CAD 绘图知识快速入门

建筑施工是房屋建设中比较重要的内容，也是与建筑设计密不可分的组成部分。建筑施工是建筑的实施阶段，为建筑设计方案最终实施、保证建筑空间安全等提供重要技术支持，其作用举足轻重。在建筑施工管理中，常常需要绘制一些图纸，例如施工组织的表格图、施工方案中的附图、技术洽商附图、施工工艺附图等，这些都可以使用 CAD 轻松快速完成。特别说明一点，最为便利的还在于，建筑施工组织架构及流程图等各种图形与表格使用 CAD 绘制完成后，还可以将所绘制图形从 CAD 软件中轻松转换输出为 JPG/BMP 格式图片或 PDF 格式文件等，可以轻松应用到 Word 文档中，方便使用和浏览。CAD 图形的具体转换方法在后面的章节中将详细介绍。因此，对于从事建筑施工管理工作的人员，学习 CAD 绘图是很有用处的。

1.1.1 关于建筑施工

建筑施工一般是指建筑工程建设实施阶段的生产活动，是各类建筑物的建造过程；也即是把建筑施工图纸上的各种设计内容和构造形式要求，按照国家相关法规和规范标准技术规定，在指定的地点和空间，变成实物的过程。它包括土石方施工、地基基础工程施工、防水工程施工、主体结构施工、机电设备安装施工、门窗与幕墙工程、装饰工程施工等相关大类。施工作业的场所和空间称为"建筑施工现场"或叫"施工现场"，俗称"工地"，如图 1.1 和图 1.2 所示。

1.1.2 关于建筑施工 CAD 绘图应用

在建筑施工管理中，需要编制建筑项目工程的施工组织设计、施工质量计划、施工技术

（a）高层建筑施工现场

（b）低层建筑施工现场

图 1.1　常见建筑施工现场（土建结构）

（a）建筑设备安装施工现场

（b）建筑电气安装施工现场

图 1.2　常见建筑施工现场（机电设备）

方案、建筑施工进度计划表、施工进度网络图、施工流程图、施工技术洽商图及建筑竣工图等各种施工文件和资料，其中会有一些表格、流程图、网络图、施工工艺图、施工方案附图等需要绘制，大部分图形和表格等均可以使用 CAD 进行快速绘制，如图 1.3 所示。此时就可以使用 CAD 进行快速绘制，能够有效提高工作效率，从而达到事半功倍的效果。本书将介绍如何使用 CAD 进行建筑施工相关图形和表格的绘制方法与技巧。

（a）施工质量保证体系示意图 　　　　　（b）防水施工工艺流程图

（c）模板支撑示意图 　　　　　（d）底板钢筋马凳示意图

图 1.3　使用 CAD 绘制的建筑施工文件图形或表格

　　早期的建筑施工进行图纸绘制主要是手工绘制，绘图的主要工具和仪器有绘图桌、图板、丁字尺、三角板、比例尺、分规、圆规、绘图笔、铅笔、曲线板和建筑模板等。

　　随着计算机及其软件技术快速发展，在现代建筑施工工程设计中，建筑施工图纸的绘制都已经计算机数字化，使用图板、绘图笔和丁字尺等工具手工绘制图纸几乎很少。现在基本使用台式计算机或笔记本进行图纸绘制，然后使用打印机或绘图仪输出图纸。

1.1.3　建筑施工绘图方式

　　早期的建筑施工设计进行图纸绘制主要是手工绘制，绘图的主要工具和仪器有绘图桌、图板、丁字尺、三角板、比例尺、分规、圆规、绘图笔、铅笔、曲线板和模板等。手工绘制图纸老一辈工程师和施工管理技术人员是比较熟悉的，年轻一代或许使用比较少，作为建筑施工工程师或技术人员，了解一下其历史，也有一定的知识性，见图1.4。

（a）手工绘图示意

（b）手工绘图常用工具

图 1.4　早期手工绘图示意

比纯手工绘图更进一步的绘图方式，是使用绘图机及其相应设备。绘图机是当时比较先进的手工绘图设备，其机头上装有一对互相垂直的直尺，可作 360°的转动，它能代替丁字尺、三角板、量角器等绘图工具的工作，画出水平线、垂直线和任意角度的倾斜线。绘图机可分为钢带式绘图机、导轨式绘图机，见图1.5。

（a）钢带式绘图机　　　　　　　　　　　（b）导轨式绘图机

图 1.5　常见手工绘图机

随着计算机及其软件技术快速发展，在现在建筑施工工程设计中，建筑施工工程图纸的绘制都已经数字化，使用图板、绘图笔和丁字尺等工具手工绘制图纸很少。现在基本使用台式计算机或笔记本电脑进行图纸绘制，然后使用打印机或绘图仪输出图纸，见图 1.6、图 1.7。

（a）台式电脑　　　　　　　　　　　　　　（b）笔记本电脑

图 1.6　图纸绘制设备

（a）打印机　　　　　　　　　　　　　　（b）绘图仪

图 1.7　图纸打印输出设备

1.1.4　建筑施工制图标准要求

建筑施工图是将建筑施工构思变成现实的重要阶段，是建筑施工实施的主要依据。建筑施工图越详细越好，要准确无误。由于方案设计、初步设计等图纸绘制方法与施工图绘制原理是完全一样的，且施工图绘制的内容较为全面、详细，要求也较为综合，因此本书基本以建筑施工图为讲述主基调逐步展开，掌握了建筑施工图 CAD 绘制，方案设计、初步设计等图纸的绘制方法，自然而然就会了。

结构平面图应按图的规定采用正投影法绘制，特殊情况下也可采用仰视投影绘制，见图 1.8。在结构平面图中的索引位置处，粗实线表示剖切位置，引出线所在一侧应为投射方向。图样的图名和标题栏内的图名应能准确表达图样、图纸构成的内容，做到简练、明确。图纸上所有的文字、数字和符号等，应字体端正、排列整齐、清楚正确，避免重叠。图样及说明中的汉字宜采用长仿宋体，图样下的文字高度不宜小于 5mm，说明中的文字高度不宜小于 3mm。拉丁字母、阿拉伯数字、罗马数字的高度，不应小于 2.5mm。

用正投影法绘制预制楼板结构平面图　　　　　　　　　节点详图

图 1.8　正投影法绘制

　　常见混凝土结构绘图中，钢筋在平面图中的配置应按图所示的方法表示。当钢筋标注的位置不够时，可采用引出线标注。引出线标注钢筋的斜短划线应为中实线或细实线。当构件布置较简单时，结构平面布置图可与板配筋平面图合并绘制。钢筋在梁纵、横断面图中的配置，应按图 1.9 的方法处理。

钢筋在楼板配筋图中的表示方法　　　　　　　　　梁纵、横断面图中钢筋表示方法

图 1.9　钢筋绘制方法

　　常见混凝土结构绘图中，构件配筋图中箍筋的长度尺寸，应指箍筋的里皮尺寸；弯起钢筋的高度尺寸应指钢筋的外皮尺寸，见图 1.10。

（a）箍筋尺寸标注　　（b）弯起钢筋尺寸标注　　（c）环形钢筋尺寸标注　　（d）螺旋钢筋尺寸标注

图 1.10　箍筋尺寸表示法

1.1.5　关于建筑施工 CAD 绘图图幅及线型与字体

1.1.5.1　建筑施工 CAD 绘图常见图幅大小

　　建筑施工图纸的图纸幅面和图框尺寸，即图纸图面的大小，按《CAD工程制图规则》

（GB/T 18229）、《房屋建筑施工 CAD 制图统一规则》（GB/T 18112）等国家相关规范规定，分为 A4、A3、A2、A1 和 A0，具体大小如表 1.1 和图 1.11 所示，图幅还可以在长边方向加长一定的尺寸，参见建筑工程和建筑施工制图相关规范，在此从略。使用 CAD 进行绘制时，也完全按照前述图幅进行。图框详细绘制方法将在后面章节中进行论述。

图纸以短边作为垂直边称为横式，以短边作为水平边称为立式。一般 A0～A3 图纸宜横式使用；必要时，也可立式使用。此外，CAD 还有一个更为灵活的地方，即可以输出任意规格大小的图纸，但这种情况一般只作为草稿、临时使用，不宜作为正式施工图纸。在建筑施工实际工程实践中，A3、A2 图幅大小的图纸使用最方便，比较受施工相关人员欢迎。

表 1.1　图纸幅面和图框尺寸　　　　单位：mm

幅面代号 尺寸代号	A4	A3	A2	A1	A0
$b×l$	210×297	297×420	420×594	594×841	841×1189
c	5	5	10	10	10
a	25	25	25	25	25

图 1.11　建筑施工图纸图幅

1.1.5.2　建筑施工 CAD 图形常见线型

按照《CAD 工程制图规则》（GB/T 18229）《房屋建筑 CAD 制图统一规则》（GB/T 18112）等国家建筑工程和建筑施工制图规范的相关规定，建筑施工工程制图图线宽度分为粗线、中线、细线，从 b=0.18mm、0.25mm、0.35mm、0.50mm、0.70mm、1.0mm、1.4mm、2.0mm 线宽系列中根据需要选取使用；该线宽系列的公比为 $1:\sqrt{2} \approx 1:1.4$，粗线、中粗线和细线的宽度比率为 4：2：1，在同一图样中同类图线的宽度一致，如表 1.2 所示，线型则有实线、虚线、点划线、折断线和波浪线等类型，如图 1.12 所示。

表 1.2　常用线宽组要求　　　　单位：mm

线宽比	线宽组					
b	2.0	1.4	1.0	0.7	0.5	0.35
$0.5b$	1.0	0.7	0.5	0.35	0.25	0.18
$0.25b$	0.5	0.35	0.25	0.18	—	—

注：1. 需要微缩的图纸，不宜采用 0.18mm 及更细的线宽。
　　2. 同一张图纸内，各不同线宽中的细线，可统一采用较细的线宽组的细线。

图 1.12　常用建筑施工 CAD 制图图线

　　建筑施工 CAD 绘图即是按照上述线条宽度和线型进行的，实际绘图时根据图幅大小和出图比例调整宽度大小，具体绘制方法在后面章节中将详细论述，其中细线实际在 CAD 绘制中是按默认宽度为 0 进行绘制。

　　一般情况下，图线不得与文字、数字或符号重叠、混淆，不可避免时，应首先保证文字等清晰。虚线与虚线交接或虚线与其他图线交接时，应是线段交接。虚线为实线的延长线时，不得与实线连接。同一张图纸内，相同比例的各图样，应选用相同的线宽组。

1.1.5.3　建筑施工 CAD 图形常见字体和字号

　　按照《CAD 工程制图规则》（GB/T 18229）、《房屋建筑 CAD 制图统一规则》（GB/T 18112）等国家建筑工程和建筑施工制图规范的相关规定，CAD 建筑施工制图图样中汉字、字符和数字应做到排列整齐，清楚正确，尺寸大小协调一致。汉字、字符和数字并列书写时，汉字字高略高于字符和数字字高。CAD 图上的文字应使用中文标准简化汉字。涉外的项目，可在中文下方加注外文；数字应使用阿拉伯数字，计量单位应使用国家法定计量单位；代码应使用规定的英文字母、年份应用公元年表示。

　　文字高度应按表 1.3 中所列数字选用。如需书写更大的字，其高度应按 $\sqrt{2}$ 的比值递增。汉字的高度应不小于 2.5mm，字母与数字的高度应不小于 1.8mm。汉字的最小行距不小于 2mm，字符与数字的最小行距应不小于 1mm；当汉字与字符、数字混合使用时，最小行距等应根据汉字的规定使用，如图 1.13 所示。图及说明中的汉字应采用长仿宋体，其宽度与高度的关系一般应符合表 1.4 的规定。大标题、图册、封面、目录、图名标题栏中设计单位名称、工程名称、地形图等的汉字可选用楷体、黑体等其他字体。

表 1.3　规划设计文字高度　　　　　　　　　　　　　　　单位：mm

| 用于蓝图、缩图、底图 | 3.5、5.0、7.0、10、14、20、25、30、35 |
| 用于彩色挂图 | 7.0、10、14、20、25、30、35、40、45 |

注：经缩小或放大的城乡规划图，文字高度随原图纸缩小或放大，以字迹容易辨认为标准。

图 1.13　建筑施工 CAD 制图字体间距

表 1.4　长仿宋体宽度与高度关系　　　　　　　　　　单位：mm

字高	20	14	10	7	5	3.5
字宽	14	10	7	5	3.5	2.5

　　分数、百分数和比例数的注写，应采用阿拉伯数字和数学符号，例如：四分之三、百分之二十五和一比二十应分别写成 3/4、25% 和 1：20。当注写的数字小于 1 时，必须写出个位的 "0"，小数点应采用圆点，齐基准线书写，例如 0.01。

　　在实际绘图操作中，图纸上所需书写的文字、数字或符号等，均应笔画清晰、字体端正、排列整齐；标点符号应清楚正确。一般常用的字体有宋体、仿宋体、新宋体、黑体等，根据计算机 Windows 操作系统中字体选择，建议选择常用的字体，以便于 CAD 图形电子文件的交流阅读。字号也即字体高度的选择，根据图形比例和字体选择进行确定选用，一般与图幅大小相匹配，便于阅读，同时保持图形与字体协调一致，主次分明。

1.1.6　建筑施工 CAD 图形尺寸标注基本要求

　　按照《CAD 工程制图规则》（GB/T 18229）、《房屋建筑 CAD 制图统一规则》（GB/T 18112）等国家建筑工程和建筑施工制图规范的相关规定，图样上的尺寸，包括尺寸界线、尺寸线、尺寸起止符号和尺寸数字，如图 1.14 所示。

　　图样上的尺寸单位，除标高及总平面以米（m）为单位外，其他必须以毫米（mm）为单位。尺寸数字一般应依据其方向注写在靠近尺寸线的上方中部。如没有足够的注写位置，最外边的尺寸数字可注写在尺寸界线的外侧，中间相邻的尺寸数字可错开注写，如图 1.15 所示。

图 1.14　尺寸标注组成

图 1.15　尺寸数字注写位置

　　CAD 建筑施工制图中，尺寸标注起止符号所用到的短斜线、箭头和圆点符号的数值大小，分别宜为 $e=2.0$mm、$a=5b$、$r=2\sqrt{2}b$（b 为图线宽度，具体数值参见前面小节相关论述），如图 1.16 所示，其中短斜线应采用中粗线。标注文本与尺寸经距离 h_0 不应小于 1.0mm，如图 1.17 所示。

（a）短斜线大小要求　　　　　　（b）箭头大小要求　　　　　　（c）圆点符号大小要求

图 1.16　尺寸标注起止符号要求

图 1.17　标注文本的标注位置要求

用于标注尺寸的图线，除特别说明的外，应以细线绘制。尺寸界线一端距图样轮廓线 X_0 不应小于 2.0mm。另一端 X_e 宜为 3.0mm，平行排列的尺寸线的间距 L_i 宜为 7.0mm，如图 1.18 所示。

图 1.18　尺寸界线要求

角度的尺寸线应以圆弧表示。该圆弧的圆心应是该角的顶点，角的两条边为尺寸界线。起止符号应以箭头表示，如没有足够位置画箭头，可用圆点代替，角度数字应按水平方向注写。标注圆弧的弧长时，尺寸线应以与该圆弧同心的圆弧线表示，尺寸界线应垂直于该圆弧的弦，起止符号用箭头表示，弧长数字上方应加注圆弧符号"⌒"，如图 1.19 所示。

角度标注方法　　　　　　　　　　　弧长标注方法

图 1.19　角度和圆弧标注方法

坡度符号常用箭头加百分比或数值比表示，也可用直角三角形表示坡度符号，如图 1.20 所示。

（a）　　　　　　　　　　（b）　　　　　　　　　　（c）

图 1.20　坡度标注符号

标高标注应包括标高符号和标注文本，标高数字应以米（m）为单位，注写到小数点以后第三位。在总平面图中，可注写到小数点以后第二位。零点标高应注写成"±0.000"，正数标高不注"＋"，负数标高应注"－"，例如"3.000"、"－0.600"。

标高符号应以直角等腰三角形表示，按如图 1.21（a）所示形式用细实线绘制，如标注位置不够，也可按如图 1.21（b）所示形式绘制。水平段线 L 根据需要取适当长度，高 h 取约3.0mm。总平面图室外地坪标高符号，宜用涂黑的三角形表示，如图 1.21（c）所示。标高符号的尖端应指至被注高度的位置。尖端一般应向下，也可向上。标高数字应注写在标高符号的左侧或右侧，在图样的同一位置需表示几个不同标高时，标高数字可按并列一起形式注写，如图 1.21（d）所示。

图 1.21　标高标注符号和方法

半径的尺寸线应一端从圆心开始，另一端画箭头指向圆弧。半径数字前应加注半径符号"R"。较小圆弧、较大圆弧的半径可按图形式标注，如图 1.22 所示。标注圆的直径尺寸时，直径数字前应加直径符号"Φ"或"φ"。在圆内标注的尺寸线应通过圆心，两端画箭头指至圆弧。较小圆的直径尺寸，可标注在圆外，如图 1.23 所示。

图 1.22　圆弧的半径标注　　　　　图 1.23　圆的直径标注

定位轴线一般应编号，编号应注写在轴线端部的圆内。圆应用细实线绘制，直径 D 为 8～10mm。定位轴线圆的圆心，应在定位轴线的延长线上或延长线的折线上。定位轴线应用细点画线绘制，如图 1.24 所示。

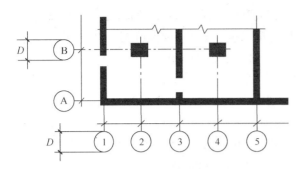

图 1.24　定位轴线及编号标注

1.1.7　关于建筑施工 CAD 图形比例

按照《CAD 工程制图规则》（GB/T 18112）、《房屋建筑施工 CAD 制图统一规则》（GB/T 18229）等国家建筑施工工程和建筑施工制图规范的相关规定，一般情况下，一个图样应选用一种比例。根据制图需要，同一图样也可选用两种比例。当构件的纵、横向断面尺寸相差悬殊时，可在同一详图中的纵、横向选用不同的比例绘制。轴线尺寸与构件尺寸也可选用不同的比例绘制。

图样的比例，应为图形与实物相对应的线性尺寸之比。比例的大小，是指其比值的大小，如 1∶50 大于 1∶100。比例的符号为冒号"∶"，比例应以阿拉伯数字表示，如 1∶1、1∶2、1∶100 等。比例宜注写在图名的右侧，字的基准线应取平；比例的字高宜比图名的字高小一号或二号。

一般情况下，建筑施工平面图、立面图、剖面图等常用比例为 1∶100、1∶50，而节点构造做法等详图常用比例为 1∶1、1∶5、1∶10 等。

另外，在建筑施工中，有的图形和表格是示意性的，可以不需要考虑比例大小，只要图形构造及要求表达清楚即可，如图 1.25 所示。

（a）有比例的图形　　　　　　　　　　（b）不需要比例的示意图

图 1.25　不同比例建筑施工图

1.2　建筑施工 CAD 绘图计算机硬件和软件配置

建筑施工设计 CAD 绘图，需要有相关的计算机设施（即硬件配置要求），并安装相应的操作系统与 CAD 绘图软件（即软件配置要求），二者都是建筑施工 CAD 绘图的工具，缺一不可。

1.2.1　建筑施工 CAD 绘图相关计算机设备

由于计算机软件功能越来越多，程序也越来越复杂，对计算机性能要求也就越来越高。为了实现软件运行快速流畅，需要完成的第一项任务是确保计算机满足 CAD 绘图软件运行所需要的最低系统配置要求；如果计算机系统不满足这些要求，则在 AutoCAD 使用中可能会出现一些问题，例如出现无法安装或使用起来都十分缓慢费时，甚至经常死机等现象。

若需安装 AutoCAD 2010 以上版本，建议最好采用如表 1.5 配置的计算机，以便获得更为快速的绘图操作效果。当然，若达不到以下计算机配置要求，其实也可以安装使用，只是运行速度可能较慢，操作需要一点耐心就行。从 AutoCAD 2010 以后的版本，一般分为 32 位（32bit）和 64 位（64bit）版本两种类型。一般而言，目前的个人计算机都可以满足安装和使用要求。安装过程中会自动检测 Windows 操作系统是 32 位（32bit）还是 64 位版本（64bit）。然后安装适当版本的 AutoCAD。不能在 32 位系统上安装 64 位版本的 AutoCAD，反之亦然。

表 1.5　32 位计算机硬件和软件要求配置（可以运行最新版本）

硬件类型	计算机相关配置参考要求
CPU 类型	Windows XP - Intel® Pentium® 4 或 AMD Athlon™ Dual Core，1.6 GHz 或更高 Windows 7- Windows 10 - Intel Pentium 4 或 AMD Athlon Dual Core，3.0 GHz 或更高的英特尔(Intel)酷睿四核处理器
内存（RAM）	2 GB RAM 或更高
显示分辨率	1024×768 真彩色或更高
硬盘	500GB 或更多（安装 AutoCAD 2017 最新版本软件所需的空间约 5.5GB）
定点设备	MS-Mouse 兼容鼠标
浏览器	Internet Explorer® 7.0 或更高版本
三维建模 其他要求 （备选）	Intel Pentium 4 或 AMD Athlon 处理器，3.0 GHz 或更高；或者 Intel 酷睿处理器或 AMD Dual Core 处理器，2.0 GHz 或更高 2 GB RAM 或更大 500 GB 可用硬盘空间（不包括安装） 1280×1024 32 位彩色视频显示适配器（真彩色），具有 1GB 或更大显存、采用 Pixel Shader 3.0 或更高版本且支持 Direct3D® 的工作站级图形卡

其他相关硬件设施的配置，根据各自情况确定，如打印机、扫描仪、数码相机、刻录机等备选设备。

1.2.2　建筑施工 CAD 绘图相关软件

（1）推荐 CAD 绘图软件　AutoCAD 最新版本是 AutoCAD 2017，现在几乎是每年更新一个版本，目前版本是按年号序号标识，如 AutoCAD 2004、2012、2014、2017 等，如图 1.26 所示 AutoCAD 不同版本。

（a）AutoCAD 2004 版本　　　　　　　　（b）AutoCAD 2015 版本

图 1.26　AutoCAD 不同版本

（2）推荐计算机操作系统　建议采用以下操作系统的 Service Pack (SP3、SP2、SP1)或更高版本：Microsoft® Windows® XP、Windows Vista®、Windows 7、Windows 8、Windows 10 等。

AutoCAD 的版本越高，对操作系统和计算机的硬件配置要求也越高。采用高版本操作系统，不仅其操作使用简捷明了，而且运行 AutoCAD 速度也会相对加快，操作起来更为流畅。建议采用较高版本的 AutoCAD 与 Windows 操作系统，二者位数版本要一致。

安装了 AutoCAD 以后，单击其快捷图标将进入 AutoCAD 绘图环境。其提供的操作界面非常友好，与 Windows XP、Windows Vista、Windows 7、Windows 8 风格一致，功能也更强大。

1.3　AutoCAD 软件安装方法简述

1.3.1　AutoCAD 软件简介

AutoCAD，即 Auto Computer Aided Design 英语第一个字母的简称，是美国 Autodesk 有限公司的通用计算机辅助设计软件。其在建筑、建筑施工、机械、电子、航天、船舶、轻工业、化工、石油和地质等诸多工程领域已得到广泛的应用。AutoCAD 是一个施工一体化、功能丰富，而且面向未来的世界领先设计软件，为全球工程领域的专业设计师们创立更加高效和富有灵活性以及互联性的新一代设计标准，标志着工程设计师们共享设计信息资源的传统方式有了重大突破，AutoCAD 已完成向互联网应用体系的全面升级，也极大地提高了工程设计效率与设计水平。

AutoCAD 的第一个版本——AutoCAD R1.0 版本是 1982 年 12 月发布的，至今已进行了多次的更新换代，到现在最新版本为 AutoCAD 2017 等版本，其版本是按年编号，几乎每年推出新版本，版本更新发展迅速。其中比较经典的几个版本为 AutoCAD R12、AutoCAD R14、AutoCAD 2000、AutoCAD 2004、AutoCAD 2010，AutoCAD 2012，这几个经典版本每次功能都有较为显著质的变化，可以看作是不同阶段的里程碑，如图 1.27 所示。若要随时获得有关 Autodesk 公司及其软件产品的具体信息，可以访问其英文网站（http:// http://usa.autodesk.com）或访问其中文网站（http://www.autodesk.com.cn）。AutoCAD 一直秉承持续改进，不断创新，从二维绘图、工作效率、可用性、自动化、三维设计、三维模型出图等各方面推陈出新，不断进步，已经从当初的简单绘图平台发展成综合的设计平台。

（a）AutoCAD R14 版本

（b）AutoCAD 2010 版本

图 1.27　AutoCAD 经典版本

2013 年发布的 AutoCAD 2014 版本[图 1.28（a）]，具有强大的关联设计工具，具备创建逼真的三维设计、加速文档编制、通过云进行连接，从而实现设计协作以及从移动设备访问它们。通过实时地图和强大的全新实景捕捉功能，AutoCAD 可将您的设计理念与周围世界紧密连接在一起。2015 年发布了 AutoCAD 2016 版本，AutoCAD 2016 新功能包括更全面的画布、更丰富的设计关联环境、更加智能的工具（例如智能标注、协调模型和增强的 PDF）、绝佳的视觉体验、协调模型及防止对系统设置进行不必要的更改等。2016 年发布了目前的最新版本 AutoCAD 2017[图 1.28（b）]。

（a）2014 版本　　　　　　　　　　　（b）2017 版本

图 1.28　AutoCAD 版本

1.3.2　AutoCAD 快速安装方法

本节结合最新版本 AutoCAD 2017 为例介绍其快速安装方法（其他版本如 AutoCAD 2010～2016 等版本的安装方法与此类似，参考 AutoCAD 2017 安装过程即可）。 AutoCAD 2017 软件光盘插入到计算机的光驱驱动器中或使用 U 盘插入电脑进行安装，打开 AutoCAD_2017_Simplified_Chinese_Win_64bit_dlm 文件夹，双击其中的安装图标文件 "setup.exe" 或 "install.exe" 即开始进行安装。AutoCAD 2017 典型安装需要至少约 5.5G 硬盘空间，软件较大。若 WIN 系统提示 "你要允许以下程序对此计算机进行更改吗？" 单击 "是（Y）"。将出现安装初始化提示，然后即将进入安装操作界面，如图 1.29 所示。

图 1.29　安装初始化后提示

（1）单击 "安装（在此计算机上安装）"。然后选择计算机所在国家/地区，选择接受许可协议中"我接受（A）"，单击"下一步"。用户必须接受协议才能继续安装。注意如果不同意许可协议的条款并希望终止安装，请单击"取消"。如图 1.30 所示。

图 1.30　安装过程选择

（2）在弹出"配置安装"界面上，勾取要安装的产品内容，包括 Autodesk AutoCAD 2017、ReCap360 等，可以按默认。选择语言或接受默认语言为中文，选择设置安装路径，若不修改，按系统默认典型安装，一般安装在系统目录"C:\Program\Autodesk\"。若修改，单击"配置"更改相应配置（例如，安装类型、安装可选工具或更改安装路径），然后按提示单击"配置完成"返回安装操作界面。然后单击"安装"开始安装 AutoCAD（在 AutoCAD 安装中，Windows会要求计算机安装".NET Framework4.6"，选择要安装更新该产品）。如图 1.31 所示。

图 1.31　安装提示

（3）安装进行中，系统自动安装所需要的文件(产品)，时间可能稍长，安装速度与计算机硬件配置水平有关系。如图 1.32 所示。

图 1.32　安装进行中

（4）安装完成，提示"您已成功安装选定产品，请查看任何产品信息警告"。单击"完成"屏幕将弹出提示"必须重新启动系统，以便配置修改生效"。可以单击"Y"或"N"。如图 1.33 所示。

图 1.33　安装完成

（5）双击 AutoCAD 2017 图标，启动 AutoCAD 2017，若安装有早期版本 AutoCAD，系统将弹出"移植自定义设置"及"AutoCAD-DWG 关联"。按需要勾取或全部不选择均可，最后点击"确定☑"。此项属于 AutoCAD 2017 新功能特性。如图 1.34 所示。

图 1.34　关联提示

（6）接着 AutoCAD 2017 将弹出产品许可类型选择页面。一般选择"输入序列号"。在隐私声明页面点击"我同意"后弹出"产品许可激活"中单击"激活"，需购买并输入激活码后，就完成安装，可以使用。否则是试用版本，有 30 天时间限制（30 day trial）。如图 1.35 所示。

图 1.35　安装激活提示

（7）在 Autodesk 许可页面中输入序列号及密钥，单击"下一步"。再选择"我具有 Autodesk 提供的激活码"输入激活码将进行软件产品激活。单击"下一步"将提示激活成功。单击"完成"，AutoCAD 软件完成安装，可以使用该软件进行绘图操作。如图 1.36 所示。

图 1.36　进行产品激活

（8）可以通过下列方式启动 AutoCAD 2017，如图 1.37 所示。

（a）AutoCAD 启动图标

（b）初始界面(AutoCAD 2017 版本)

图 1.37　启动和使用 AutoCAD

① 单击 AutoCAD 桌面快捷方式图标"AutoCAD 2017-简体中文（Simplified Chinese）"。安装 AutoCAD 时，将在桌面上自动创建一个 AutoCAD 快捷方式图标（除非用户在安装过

程中清除了该选项）。双击 AutoCAD 图标可启动该程序。

② 单击开始程序中或应用中的"AutoCAD 2017-简体中文（Simplified Chinese）"。

③ AutoCAD 的安装位置文件夹内，单击"acad"图标。

1.4 最新版本 AutoCAD 2017 使用简介

AutoCAD 版本是按年编号的，Autodesk 公司几乎每年都推出新版本，版本更新发展迅速频繁，目前最新版本 AutoCAD 2017 等版本（其实为 R21.0 版本），该版本于 2016 年 3 月推出。AutoCAD 2017 版本支持 Win 7 以上版本操作系统，也即不再支持 Win XP 系统。本节将对 AutoCAD 2017 版本与 AutoCAD 2016 及更早版本不同之处进行简要介绍。AutoCAD 2017 其他使用及操作方法与早期版本基本是一致的，无本质区别，在操作中参考早期版本的操作使用即可。

1.4.1 AutoCAD 2017 操作界面简介

单击 AutoCAD 2017 桌面快捷方式图标"AutoCAD 2017-简体中文（Simplified Chinese）"启动 AutoCAD 2017 软件，弹出初始界面[见图 1.37（b）]后，单击中间区域左上的"开始绘制"图框，初始化后即可进入 CAD 绘图操作界面，见图 1.38。注意操作界面默认的颜色为黑色，为便于阅读，已将操作界面的颜色修改为白色，其颜色修改方法参考第 2 章 2.1 节相关内容。

图 1.38　AutoCAD 2017 绘图界面

对 AutoCAD 2017 版本操作界面，切换为 AutoCAD 经典的方法是单击左上角的"草图与注释/工作空间"右侧三角下拉按钮，选择"显示菜单栏/隐藏菜单栏"即可得到熟悉的传统操作界面——AutoCAD 经典。其他功能面板的显示控制，可以在区域任意位置单击右键，选择勾取进行关闭或打开显示，即可得到类似"AutoCAD 经典"模式操作界面。

单击 AutoCAD 2017 左上角的 A 图标，为 AutoCAD 2017 图形文件基本操作菜单，包括打开文件、保存文件、输入输出文件、发布打印文件等功能命令以及最近使用图形文件历史记录。A 图标右侧为自定义快速访问工具栏，与前述文件菜单功能基本一致。见图 1.39。

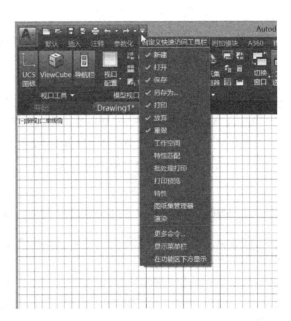

图 1.39　AutoCAD 2017 文件操作

单击 AutoCAD 2017 上部操作菜单中"默认"命令选项，屏幕将在下侧显示相关命令功能面板。该菜单选项包括绘图、修改、注释、图层、图块、特性、组、实用工具、剪贴板、视图等基本功能命令栏（各个命令栏的大部分功能命令操作与早期版本一致，可参考后面章节内容，后同此）。见图 1.40。

图 1.40　"默认"命令选项

单击 AutoCAD 2017 上部操作菜单中"插入"命令选项，屏幕将在下侧显示相关命令功能面板。该菜单选项包括块、块定义、参照、点云、输入、数据、链接和提取、位置及内容等基本功能命令，部分功能为新增功能，如输入 PDF；部分功能为互联网分享功能，如位置等。见图 1.41。

图 1.41　"插入"命令选项

单击 AutoCAD 2017 上部操作菜单中"注释"命令选项，屏幕将在下侧显示相关命令功能面板。该菜单选项包括文字、标注、中心线、引线、表格、标记及注释缩放等基本功能命令。见图 1.42。

图 1.42 "注释"命令选项

单击 AutoCAD 2017 上部操作菜单中"参数化"命令选项，屏幕将在下侧显示相关命令功能面板。该菜单选项包括几何、标注及管理等基本功能命令。见图 1.43。

图 1.43 "参数化"命令选项

单击 AutoCAD 2017 上部操作菜单中"视图"命令选项，屏幕将在下侧显示相关命令功能面板。该菜单选项包括视口工具、模型视口、选项板、界面等基本功能命令。见图 1.44。

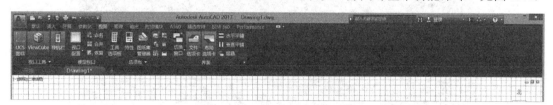

图 1.44 "视图"命令选项

单击 AutoCAD 2017 上部操作菜单中"管理"命令选项，屏幕将在下侧显示相关命令功能面板。该菜单选项包括动作录制器、自定义设置、应用程序及 CAD 标准等基本功能命令。动作录制器为新增功能，可以对图形绘制过程进行录制为动画播放，适合互联网沟通分享。注意其录制文件为宏文件*.actm 格式。见图 1.45。

图 1.45 "管理"命令选项

分别单击 AutoCAD 2017 上部操作菜单中"附加模块"、"A360"、"精选应用"、"BIM360"、"Performance"等命令选项，屏幕将在下侧显示相关命令功能面板。这些菜单对应的基本功能命令，在一般的绘图中不常用，其重点在于加强互联网的分享功能，在此不做进一步讲述。见图1.46。

图1.46 "附加模块"等命令选项

1.4.2 AutoCAD 2017 新特性及新功能

AutoCAD 2017 的新特性、新功能主要包括如下内容。

（1）智能中心线和中心标记 创建和编辑中心线与中心标记十分简单。移动关联对象时，中心线和中心标记会自动与对象一起移动。见图1.47。智能中心线和中心标记具体操作方法案例讲解如下所述。

图1.47 智能中心线和中心标记

① 创建圆心标记。单击菜单栏中的"注释"命令选项，在"中心线"选项栏中选择"圆心标记"或在命令栏中直接输入命令"CENTERMARK"或"CM"(注:命令字母不区分大小写)。移动圆形或圆弧图形时，圆心标记同步移动。见图1.48。

命令: CENTERMARK

选择要添加圆心标记的圆或圆弧:

选择要添加圆心标记的圆或圆弧:

② 创建中心线。单击菜单栏中的"注释"命令选项，在"中心线"选项栏中选择"中心线"或在命令栏中直接输入命令"CENTERLINE"或"CL"(注:命令字母不区分大小写)。移动圆形或圆弧图形时，中心线同步移动。此功能可以进行快速角度等分。见图1.49。

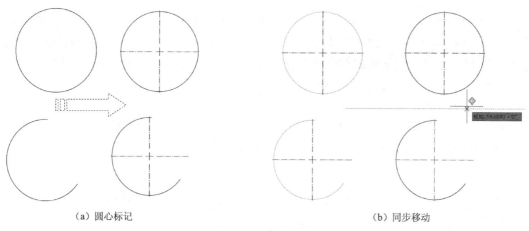

（a）圆心标记　　　　　　　　　　　　　　（b）同步移动

图 1.48　创建圆心标记

命令: CENTERLINE
选择第一条直线:
选择第二条直线:

（a）圆形标记　　　　　　　　　　　　　　（b）同步移动

图 1.49　创建中心线

（2）导入 PDF　PDF 已添加到"导入文件"格式中。将几何图形、TrueType 文字和光栅图像作为 AutoCAD 对象从 PDF 文件或参考底图导入图形。见图 1.50。输入 PDF 图形文件具体操作方法案例讲解如下所述。

图 1.50　导入 PDF

单击菜单栏中的"插入"命令选项,在"输入"选项栏中选择"PDF 输入"或在命令栏中直接输入命令"PDFIMPORT"(注:命令字母不区分大小写)。回车后在弹出的对话框中选择要插入的 PDF 文件,然后在屏幕中单击指定插入位置等。使用此功能,可以将 PDF 图形自动转换为 CAD 图线,快速得到 DWG 图形。见图 1.51。

命令:PDFIMPORT

选择 PDF 参考底图或 [文件(F)] <文件>:(回车 Enter 选择 PDF 文件)

指定插入点<0,0>:正在输入 PDF 文件的第 1 页:D:\新书 2015\Book\office-ok-Mode2l.PDF...

(a) 选择 PDF 文件　　　　　　(b) 设置文件参数

(c) 点击确定插入位置

图 1.51　输入 PDF 图形文件

(3)增强的协调模型　直接在 AutoCAD 中附加和查看 Navisworks 和 BIM360 Glue(英文)模型。新增的功能可让您使用标准二维端点和中心对象捕捉,完成对附着协调模型的精确位置捕捉。见图 1.52。

图 1.52　协调模型

（4）AutoCAD 360 Pro 移动应用程序　AutoCAD 360 Pro 现在随附于固定期限的使用许可中。此应用程序可让您随时随地充分利用 AutoCAD 的强大功能。在各个移动设备之间绘制、编辑和查看二维 CAD 图形，在现场更准确地测量图形，从各类云存储服务（Google Drive、Dropbox 等）存取图形。脱机工作并在重新联机后同步更改。见图 1.53。

图 1.53　AutoCAD 360 Pro 移动应用程序

（5）共享设计视图　在云中共享二维和三维 CAD 图形。审阅者无需登录或甚至无需基于 AutoCAD 的产品即可查看图形，并且无法替换您的 DWG™ 源文件。见图 1.54。

（6）增强的三维打印　三维打印有多个选项可供选择：将三维模型发送到外部三维打印服务。或安装 Print Studio 工具，从而连接到三维打印机或创建打印文件以供将来使用。见图 1.55。

图 1.54　共享设计视图

图 1.55　增强的三维打印

（7）增强的移植工具　轻松移植先前版本中的自定义设置和文件。软件会自动检测到相关设置，可以选择要移植的具体内容。见图 1.56。

（8）欧特克桌面应用程序　获取有关软件更新的相关通知，同时不会中断工作流。教程可帮助您充分利用新功能。借助产品特定技巧、内容库等更多内容学习相关技能。见图 1.57。

图 1.56 增强的移植工具

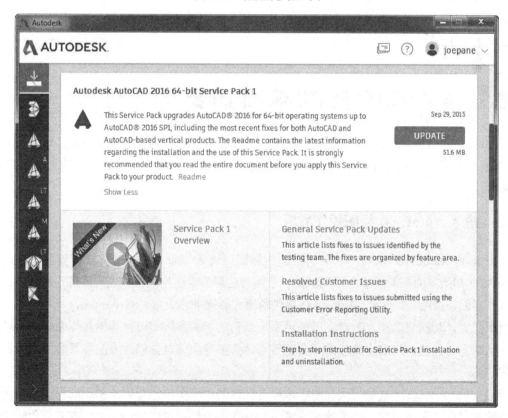

图 1.57 欧特克桌面应用程序

第2章

建筑施工 CAD 绘图基本使用方法

本章主要介绍建筑施工设计 AutoCAD 绘图操作界面布局、相关操作功能分布区域、相关基本系统参数设置；文件新建立、已有文件打开、文件存储和关闭等各种基本操作（注：因目前有相当部分读者还在使用早期版本，本书将结合 AutoCAD 2014 以前版本及 2016 版本为例进行操作，AutoCAD 2010~2017 等各个版本基本操作与此基本相同或类似）。学习使用 CAD 进行建筑施工绘图和文件制作，需要从其基本使用方法起步，心急不得，逐步深入，很快就会上手了。

2.1 AutoCAD 使用快速入门起步

AutoCAD 新版的操作界面风格与 Windows 系统和 Office 等软件基本一致，使用更为直观方便，比较符合人体视觉要求。熟悉其绘图环境和掌握基本操作方法，是学习使用 AutoCAD 的基础。

2.1.1 进入 AutoCAD 绘图操作界面

安装了 AutoCAD 以后，单击其快捷图标即可进入 AutoCAD 绘图操作界面，进入的 AutoCAD 初始界面在新版本中是默认的"草图与注释"绘图空间模式及"欢迎"对话框，常见操作界面，如图 2.1 所示。AutoCAD 提供的操作界面非常友好，与 Windows 风格一致，功能也更强大。初次启动 CAD 时可以使用系统默认的相关参数即可。该模式界面操作区域显示默认状态为黑色，可以将其修改为白色等其他颜色界面（具体修改方法参见后面相关详细论述）。

进入的 AutoCAD 初始界面在新版本中是默认的"草图与注释"绘图空间模式，与传统版本的布局样式有所不同，以前的使用者可能有点不习惯；可以单击左上角或右下角的"切换工作空间"按钮，在弹出的菜单中选择"AutoCAD 经典"模式，即可得到与以前版本一样的操作界面，如图 2.2 所示。工作空间是由分组组织的菜单、工具栏、选项板和功能区控制面板组成的集合，用户可以在专门的、面向任务的绘图环境中工作；使用工作空间时，只会显示与任务相关的菜单、工具栏和选项板（注：箭头"⬤⬤⬤⬤⬤"表示操作前后顺序，以后表述同此）。对 AutoCAD 2016 版本操作界面，切换为 AutoCAD 经典的方法是单击左上角的"工作空间"右侧三角下拉按钮，选择"显示菜单栏"即可。其他功能面板的显示控制，可以在区域任意位置单击右键，选择勾取进行关闭或打开显示，即可得到类似"AutoCAD 经典"模式操作界面。对 AutoCAD 2017 版本操作界面，切换为 AutoCAD 经典的方法是单击左上角的"草图与注释/工作空间"右侧三角下拉按钮，选择"显示菜单栏/隐藏菜单栏"即可得到熟悉的传统操作界面——AutoCAD 经典。

（a）AutoCAD 2013 版本操作界面

（b）"切换工作空间"操作界面

图 2.1　CAD 常见操作界面

（a）"草图与注释"模式

（b）经典模式

图 2.2　AutoCAD 2016 版本操作界面

　　为便于学习和与前面各种版本衔接，本书还是采用"AutoCAD 经典"模式进行论述，掌握了这种基本模式，其他各种模式操作是类似的，很容易掌握使用。如图 2.3 所示为 AutoCAD 经典绘图模式，该模式操作区域界面显示默认状态为黑色，为清晰起见，改为白色界面（具体修改方法参见后面相关详细论述）。其中的网格可以单击最下一栏相应中间位置的"网格显示"工具即可开启、关闭不显示网格（或按 F7 键即可）。

图 2.3   AutoCAD 绘图操作界面布局（AutoCAD 经典）

若操作界面上出现的一些默认工具面板，一时还使用不到，可以先将其逐一关闭。若需使用，再通过"工具"下拉菜单中的"工具栏"将其打开即可。或在菜单栏任意位置单击右键，在快捷菜单上选取所需要的工具栏即可。如图 2.4 所示。

图 2.4   关闭、启动工具面板方法

2.1.2   AutoCAD 绘图环境基本设置

2.1.2.1   操作区域背景显示颜色设置

单击"工具"下拉菜单，选择其中的"选项"，在弹出的"选项"对话框中，单击"显

示"栏,再单击"颜色"按钮,在弹出的"图形窗口颜色"对话框中即可设置操作区域背景显示颜色,单击"应用并关闭"按钮返回前一对话框,最后单击"确定"按钮即可完成设置,如图 2.5 和图 2.6 所示。背景颜色根据个人绘图习惯设置,一般为白色或黑色。

图 2.5 背景颜色设置方法

图 2.6 设置不同操作区域背景颜色

2.1.2.2 自动保存和备份文件设置

AutoCAD 提供了图形文件自动保存和备份功能(即创建备份副本),这有助于确保图形数据的安全,出现问题时,用户可以恢复图形备份文件。

备份文件设置方法是,在"选项"对话框的"打开和保存"选项卡中,可以指定在保存图形时创建备份文件。执行此操作后,每次保存图形时,图形的早期版本将保存为具有相同名称并带有扩展名.bak 的文件,该备份文件与图形文件位于同一个文件夹中。通过将 Windows 资源管理器中的.bak 文件重命名为带有.dwg 扩展名的文件,可以恢复为备份版本,如图 2.7 所示。

自动保存即是以指定的时间间隔自动保存当前操作图形。启用了"自动保存"选项,将以指定的时间间隔保存图形。默认情况下,系统为自动保存的文件临时指定名称为"filename_a_b_nnnn.sv$"。

其中:filename 为当前图形名,a 为在同一工作任务中打开同一图形实例的次数,b 为在不同工作任务中打开同一图形实例的次数,nnnn 为随机数字。这些临时文件在图形正常关闭时自动删除。出现程序故障或电压故障时,不会删除这些文件。要从自动保存的文件恢复图形的早期版本,请通过使用扩展名*.dwg 代替扩展名 *.sv$ 来重命名文件,然后再关闭程序。自动保存的类似信息显示:

命令：

自动保存到: C:\Documents and Settings\Administrator\local

settings\temp\Drawing1_1_1_9192.sv$ ...

图 2.7 自动保存和备份文件设置

2.1.2.3 图形文件密码设置

图形文件密码设置，是向图形添加密码并保存图形后，只有输入密码，才能打开图形文件。注意密码设置只适用于当前图形。

依次单击"工具"下拉菜单选择"选项"。在"选项"对话框的"打开和保存"选项卡中，单击"安全选项"。在"安全选项"对话框的"密码"选项卡中，输入密码，然后单击"确定"。接着在"密码"对话框中，输入使用的密码再单击"确定"。保存图形文件后，密码生效，如图 2.8 所示。

图 2.8 图形文件加密和使用

要打开使用该图形文件，需输入密码。如果密码丢失，将无法重新获得图形文件和密码，因此在向图形添加密码之前，应该创建一个不带密码保护的备份。

2.1.2.4 图形单位设置

开始绘图前，必须基于要绘制的图形确定一个图形单位代表的实际大小，创建的所有对象都是根据图形单位进行测量的。然后据此约定创建实际大小的图形。例如，一个图形单位的距离通常表示实际单位的 1 毫米（mm）、1 厘米（cm）、1 英寸（in）或 1 英尺（ft）。

图形单位设置方法是单击"格式"下拉菜单选择"单位"。在弹出的"图形单位"对话框中即可进行设置长度、角度和插入比例等相关单位和精度数值，如图 2.9 所示，其中：

图 2.9　图形单位设置

（1）长度的类型一般设置为小数，长度精度数值为 0。设置测量单位的当前格式。该值包括"建筑"、"小数"、"工程"、"分数"和"科学"。其中，"工程"和"建筑"格式提供英尺和英寸显示并假定每个图形单位表示 1in，其他格式可表示任何真实世界单位，如米（m）、毫米（mm）等。

（2）角度的类型一般采用十进制度数，也可以采用其他类型。十进制度数以十进制数表示，百分度附带一个小写 g 后缀，弧度附带一个小写 r 后缀。度/分/秒格式用 d 表示度，用'表示分，用 " 表示秒。以顺时针方向计算正的角度值，默认的正角度方向是逆时针方向。当提示用户输入角度时，可以单击所需方向或输入角度，而不必考虑"顺时针"设置。

（3）插入比例是控制插入到当前图形中的块和图形的测量单位。如果块或图形创建时使用的单位与该选项指定的单位不同，则在插入这些块或图形时，将对其按比例缩放。插入比例是源块或图形使用的单位与目标图形使用的单位之比。如果插入块时不按指定单位缩放，请选择"无单位"。

（4）光源控制当前图形中光度控制光源的强度测量单位，不常用，可以使用默认值即可。

（5）方向控制。主要是设置零角度的方向作为基准角度。

2.1.2.5　不同图形单位转换

如果按某一度量衡系统（英制或公制）创建图形，然后希望转换到另一系统，则需要使用"SCALE"功能命令按适当的转换系数缩放模型几何体，以获得准确的距离和标注。

例如，要将创建的图形的单位从英寸（in）转换为厘米（cm），可以按 2.54 的因子缩放模型几何体。要将图形单位从厘米转换为英寸，则比例因子为 1/2.54 或大约 0.3937。

2.1.2.6　图形界限设置

图形界限设置实质是指设置并控制栅格显示的界限，并非设置绘图区域边界。一般地，AutoCAD 的绘图区域是无限的，可以任意绘制图形，不受边界约束。

图形界限设置方法是单击"格式"下拉菜单选择"图形界限"，或在命令提示下输入"limits"。然后指定界限的左下角点和右上角点即完成设置。该图形界限具体仅是一个图形辅助绘图点阵显示范围，如图 2.10 所示。

2.1.2.7　控制主栅格线的频率

栅格是点或线的矩阵，遍布指定为栅格界限的整个区域。使用栅格类似于在图形下放置一张坐标纸。利用栅格可以对齐对象并直观显示对象之间的距离。可以将栅格显示为点矩阵或线矩阵。对于所有视觉样式，栅格均显示为线。仅在当前视觉样式设定为"二维线框"时栅格才显示为点。默认情况下，在二维和三维环境中工作时都会显示线栅格。打印图纸时不打印栅格。如果栅格以线而非点显示，则颜色较深的线（称为主栅格线）将间隔显示。在以小数单位或英尺和英寸绘图时，主栅格线对于快速测量距离尤其有用。可以在"草图设置"对话框中控制主栅格线的频率，如图 2.11 所示。

要关闭主栅格线的显示，请将主栅格线的频率设定为 1。

图 2.10　图形界限设置　　　　　　图 2.11　主栅格线的频率

2.1.2.8　文件自动保存格式设置

在对图形进行处理时，应当经常进行保存。图形文件的文件扩展名为 .dwg，除非更改保存图形文件所使用的默认文件格式，否则将使用最新的图形文件格式保存图形。AutoCAD 默认文件格式是"AutoCAD 2013 图形（*.dwg）"，这个格式版本较高，若使用低于 AutoCAD 2010 版本的软件如 AutoCAD 2004 版本，图形文件不能打开。因此可以将图形文件设置为稍低版本格式，如"AutoCAD 2000 图形（*.dwg）"。

具体设置方法是：单击"格式"下拉菜单选择"选项"命令，在弹出的"选项"对话框中选择"打开和保存"选项卡，对其中"文件保存"下方"另存为"进行选择即可进行设置为不同的格式，然后单击"确定"按钮，AutoCAD 图形保存默认文件格式将改变为所设置的格式，如图 2.12 所示。

(a) AutoCAD 2014 以前版本　　　　　　(b) AutoCAD 2015 以后版本

图 2.12　图形保存格式设置

2.1.2.9　绘图比例设置

在进行 CAD 绘图时，一般是按 1 : 1 进行绘制，即实际尺寸是多少，绘图绘制多少，例如：轴距为 6000mm，在绘图时绘制 6000，如图 2.13 所示。所需绘图比例则通过打印输出时，在打印比例中设定所需要的比例大小，详细内容参考后面打印输出相关章节。对于详图或节点大样图，可以先将其放大相同的倍数后再进行绘制，例如细部为 6mm，在绘图时可以放大 10 倍，绘制 60mm，然后在打印时按相应比例控制输出即可，详细内容参考后面打印输出相关章节。

图 2.13　可按实际尺寸绘图

2.1.2.10　当前文字样式设置

在图形中输入文字时，当前的文字样式决定输入文字的字体、字号、角度、方向和其他文字特征，图形中的所有文字都具有与之相关联的文字样式。输入文字时，程序将使用当前文字样式。当前文字样式用于设置字体、字号、倾斜角度、方向和其他文字特征。如果要使用其他文字样式来创建文字，可以将其他文字样式置于当前。

设置方法是单击"格式"下拉菜单选择"文字样式"命令，在弹出的"文字样式"对话框中进行设置，包括样式、字体、字高等，然后单击"置为当前"按钮，再依次单击"应用"、"关闭"按钮即可，如图 2.14 所示。

图 2.14　文字样式设置

2.1.2.11　当前标注样式设置

标注样式是标注设置的命名集合，可用来控制标注的外观，如箭头样式、文字位置和尺寸公差等。可以通过更改设置控制标注的外观，同时为了便于使用、维护标注标准，可以将这些设置存储在标注样式中。在进行尺寸标注时，所标注将使用当前标注样式中的设置；如果要修改标注样式中的设置，则图形中的所有标注将自动使用更新后的样式。

设置方法是：单击"格式"下拉菜单选择"标注样式"命令，在弹出的"标注样式管理器"

对话框中单击"修改"按钮弹出"修改标注样式"进行设置，依次单击相应的标签，包括"线"、"符号"和"箭头"、"文字"、"主单位"等，根据图幅大小设置合适的数值，然后单击"确定"按钮返回上一对话框，再依次单击"置为当前"、"关闭"按钮即可，如图 2.15 所示。

图 2.15　标注样式依次设置

若调整修改后标注等显示效果不合适，重复上述操作，继续修改调整其中的数据参数，直至合适为止，如图 2.16 所示。

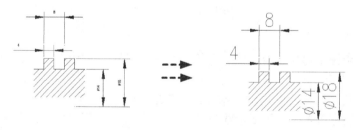

图 2.16　不同标注样式显示效果

2.1.2.12　绘图捕捉设置

使用对象捕捉可指定对象上的精确位置。例如，使用对象捕捉可以绘制到圆心或多段线中点的直线。不论何时提示输入点，都可以指定对象捕捉。默认情况下，当光标移到对象的对象捕捉位置时，将显示标记和工具提示，如图 2.17 所示。

绘图捕捉设置方法如下。

（1）依次单击"工具"菜单→"草图设置"；在"草图设置"对话框中的"对象捕捉"选项卡上，选择要使用的对象捕捉；最后单击"确定"即可。

（2）也可以在屏幕下侧，单击"对象捕捉"按钮，再在弹出的快捷菜单中选择设置，如图 2.18 所示。

（a）捕捉位置显示 （b）捕捉对象显示

图 2.17 捕捉显示示意

图 2.18 捕捉设置

2.1.2.13 线宽设置

线宽是指定给图形对象以及某些类型的文字的宽度值。使用线宽，可以用粗线和细线清楚地表现出各种不同线条，以及细节上的不同，也通过为不同的图层指定不同的线宽，可以轻松得到不同的图形线条效果。一般情况下，需要单击状态栏上的"显示/隐藏线宽"按钮进行开启，否则一般在屏幕上将不显示线宽。

线宽设置方法是：单击"格式"下拉菜单选择"线宽"命令，在弹出的"线宽设置"对话框中相关按钮进行设置，如图 2.19 所示。若勾取"显示线宽"选项后，屏幕将显示线条宽度，包括各种相关线条，如图 2.20 所示。具有线宽的对象将以指定线宽值的精确宽度打印。

图 2.19 线宽设置

需要说明的是，在模型空间中，线宽以像素为单位显示，并且在缩放时不发生变化。因此，在模型空间中精确表示对象的宽度时不应该使用线宽。例如，如果要绘制一个实际宽度为 0.5mm 的对象，不能使用线宽，而应用宽度为 0.5mm 的多段线表示对象。

图 2.20　各种线条都显示线宽

指定图层线宽的方法是：依次单击"工具"下拉菜单选择"选项板"，然后选择"图层"面板，弹出图层特性管理器，单击与该图层关联的线宽；在"线宽"对话框的列表中选择线宽；最后单击"确定"关闭各个对话框，如图 2.21 所示。

图 2.21　指定图层线宽

2.1.2.14　坐标系可见性和位置设置

屏幕中的坐标系可以显示或关闭不显示。打开或关闭 UCS 图标显示的方法是依次单击"视图"→"显示"→"UCS 图标"→"开"，复选标记指示图标是开还是关。

UCS 坐标系一般将在 UCS 原点或当前视口的左下角显示 UCS 图标，要在这两者之间位置进行切换，可以通过依次单击"视图"→"显示 UCS 坐标"→"原点"即可切换。如果图标显示在当前 UCS 的原点处，则图标中有一个加号（+）。如果图标显示在视口的左下角，则图标中没有加号，如图 2.22 所示。

图 2.22　坐标系显示位置设置

2.2 AutoCAD 绘图文件操作基本方法

2.2.1 建立新 CAD 图形文件

启动 AutoCAD 后，可以通过如下几种方式创建一个新的 AutoCAD 图形文件。

- "文件"下拉菜单：选择"文件"下拉菜单中的"新建"命令选项。
- 在"命令:"命令行下输入"NEW"（或"new"）或"N"（或"n"），不区分大小写。
- 使用标准工具栏：单击"新建"图标或标准工具栏中的"新建"命令图标按钮。
- 直接使用 Ctrl+N 快捷键。

执行上述操作后，将弹出的"选择样板"对话框中，可以选取 acad 文件或使用默认样板文件直接单击"打开"按钮即可，如图 2.23 所示。

图 2.23　建立新图形文件

2.2.2 打开已有 CAD 图形

启动 AutoCAD 后，可以通过如下几种方式打开一个已有的 AutoCAD 图形文件。

- 打开"文件"下拉菜单，选择"打开"命令选项。
- 使用标准工具栏：单击标准工具栏中的"打开"命令图标。
- 在"命令:"命令行下输入"OPEN"或"open"。
- 直接使用 Ctrl+O 快捷键。

执行上述操作后，在弹出的"选择文件"对话框中，在"查找范围"中单击选取文件所在位置，然后选中要打开的图形文件，最后单击"打开"按钮即可，如图 2.24 所示。

图 2.24　打开已有图形

2.2.3 保存 CAD 图形

启动 AutoCAD 后，可以通过如下几种方式保存绘制好的 AutoCAD 图形文件。

- 单击"文件"下拉菜单选择其中的"保存"命令选项。
- 使用标准工具栏：单击标准工具栏中的"保存"命令图标。
- 在"命令:"命令行下输入"SAVE"或"save"。
- 直接使用 Ctrl+S 快捷键。

执行上述操作后，在弹出的"图形另存为"对话框中，在"保存于"中单击选取要保存文件位置，然后输入图形文件名称，最后单击"保存"按钮即可，如图 2.25 所示。对于非首次保存的图形，CAD 不再提示上述内容，而是直接保存图形。

图 2.25 保存图形

若以另外一个名字保存图形文件，可以通过单击"文件"下拉菜单选择"另存为"命令选项。执行"另存为"命令后，AutoCAD 将弹出如图 2.25 所示对话框，操作与前述保存操作相同。

2.2.4 关闭 CAD 图形

启动 AutoCAD 后，可以通过如下几种方式关闭图形文件。

- 在"文件"下拉菜单中选择"关闭"命令选项。
- 在"命令:"命令行下输入"CLOSE"或"close"。
- 单击图形右上角的"×"，如图 2.26 所示。

执行"关闭"命令后，若该图形没有存盘，AutoCAD 将弹出警告"是否将改动保存到 *****.dwg？"，提醒需不需要保存图形文件。选择"是"，将保存当前图形并关闭它，选择"否"将不保存图形直接关闭它，选择"取消"表示取消关闭当前图形的操作，如图 2.27 所示。

图 2.26 单击"×"关闭图形

图 2.27 AutoCAD 询问提示

2.2.5 退出 AutoCAD 软件

可以通过如下方法实现退出 AutoCAD。

■ 从"文件"下拉菜单中选择"退出"命令选项。

■ 在"命令:"命令行下输入"EXIT"或"exit"后回车。

■ 在"命令:"命令行下输入"QUIT"（退出）或"quit"后回车。

■ 单击图形右上角最上边的"×"，如图 2.26 所示。

2.2.6 同时打开多个 CAD 图形文件

AutoCAD 支持同时打开多个图形文件,若需在不同图形文件窗口之间切换,可以打开"窗口"下拉菜单，选择需要打开的文件名称即可，如图 2.28 所示。

图 2.28 不同图形文件窗口切换

2.3 常用 AutoCAD 绘图辅助控制功能

2.3.1 CAD 绘图动态输入控制

"动态输入"在光标附近提供了一个命令界面，以帮助用户专注于绘图区域。动态输入有三个组件：指针输入、标注输入和动态提示。打开动态输入时，工具提示将在光标旁边显示信息，该信息会随光标移动动态更新。当某命令处于活动状态时，工具提示将为用户提供输入的位置。在输入字段中输入值并按 Tab 键后，该字段将显示一个锁定图标，并且光标会受用户输入的值约束。随后可以在第二个输入字段中输入值。另外，如果用户输入值然后按 Enter 键，则第二个输入字段将被忽略，且该值将被视为直接距离输入，如图 2.29 所示。单击底部状态栏上的动态输

图 2.29 动态输入操作显示

入按钮图标以打开和关闭动态输入，也可以按下 F12 键可以临时关闭/启动动态输入。

对动态显示可以通过设置进行控制。在底部状态栏上的动态输入按钮图标上单击鼠标右键，然后单击"设置"以控制在启用"动态输入"时每个部件所显示的内容，可以设置指针输入、标注输入、动态提示等事项内容，如图 2.30 所示。

（a）动态设置对话框

（b）标注输入动态显示

图 2.30　动态输入控制

2.3.2　正交模式控制

约束光标在水平方向或垂直方向移动。在正交模式下，光标移动限制在水平或垂直方向上（相对于当前 UCS 坐标系，将平行于 UCS 的 X 轴的方向定义为水平方向，将平行于 Y 轴的方向定义为垂直方向），如图 2.31 所示。

在绘图和编辑过程中，可以随时打开或关闭"正交"。输入坐标或指定对象捕捉时将忽略"正交"模式。要临时打开或关闭"正交"模式，请按住临时替代键 Shift（使用临时替代键时，无法使用直接距离输入方法）。要控制正交模式，单击底部状态栏上的"正交模式"按钮图标以启动和关闭正交模式，也可以按下 F8 键临时关闭/启动"正交模式"。

2.3.3　绘图对象捕捉追踪控制

图 2.31　正交模式控制

对象捕捉追踪是指可以按照指定的角度或按照与其他对象的特定关系绘制对象，自动追踪包括两个追踪选项：极轴追踪和对象捕捉追踪。需要注意必须设置对象捕捉，才能从对象的捕捉点进行追踪，如图 2.32 所示。例如，在以下插图中，启用了"端点"对象捕捉。

（1）单击直线的起点 a 开始绘制直线。

（2）将光标移动到另一条直线的端点 b 处获取该点。

（3）然后沿水平对齐路径移动光标，定位要绘制的直线的端点 c。

可以通过单击底部状态栏上的"极轴"或"对象追踪"按钮打开或关闭自动追踪。也可以按下 F11 键临时关闭/启动"对象追踪"。

图 2.32　对象捕捉追踪控制

2.3.4　二维对象绘图捕捉方法（精确定位方法）

　　二维对象捕捉方式有端点、中点、圆心等多种，如图 2.33 所示，在绘制图形时一定要掌握，可以精确定位绘图位置。常用的捕捉方法如下所述。捕捉方式可以用于绘制图形时准确定位，使得所绘制图形快速定位与相应的位置点。

图 2.33　二维对象绘图捕捉方式

　　（1）端点捕捉是指捕捉到圆弧、椭圆弧、直线、多行、多段线线段、样条曲线、面域或射线最近的端点，或捕捉宽线、实体或三维面域的最近角点，如图 2.34（a）所示。

　　（2）中点捕捉是指捕捉到圆弧、椭圆、椭圆弧、直线、多行、多段线线段、面域、实体、样条曲线或参照线的中点，如图 2.34（b）所示。

　　（3）中心点捕捉是指捕捉到圆弧、圆、椭圆或椭圆弧的中心点，如图 2.34（c）所示。

(a) 端点捕捉　　　　　　　(b) 中点捕捉　　　　　　　(c) 中心点捕捉

图 2.34　捕捉形式示意

　　（4）交点捕捉是指捕捉到圆弧、圆、椭圆、椭圆弧、直线、多行、多段线、射线、面域、样条曲线或参照线的交点。延伸捕捉当光标经过对象的端点时，显示临时延长线或圆弧，以便用户在延长线或圆弧上指定点。"延伸交点"不能用作执行对象捕捉模式。"交点"和"延伸交点"不能和三维实体的边或角点一起使用。外观交点捕捉是指不在同一平面但在当前视图中看起来可能相交的两个对象的视觉交点。"延伸外观交点"不能用作执行对象捕捉模式。"外观交点"和"延伸外观交点"不能和三维实体的边或角点一起使用，如图 2.35 所示。

（5）象限捕捉是指捕捉到圆弧、圆、椭圆或椭圆弧的象限点，如图 2.36 所示。

（a）延伸交点　　　　　　（b）交点

图 2.35　交点捕捉　　　　　　　　　　　图 2.36　象限捕捉

（6）垂足捕捉是指捕捉圆弧、圆、椭圆、椭圆弧、直线、多线、多段线、射线、面域、实体、样条曲线或构造线的垂足，如图 2.37 所示。

（7）当正在绘制的对象需要捕捉多个垂足时，将自动打开"递延垂足"捕捉模式。可以用直线、圆弧、圆、多段线、射线、参照线、多行或三维实体的边作为绘制垂直线的基础对象。可以用"递延垂足"在这些对象之间绘制垂直线。当靶框经过"递延垂足"捕捉点时，将显示 AutoSnap 工具提示和标记。

（8）切点捕捉是指捕捉到圆弧、圆、椭圆、椭圆弧或样条曲线的切点。当正在绘制的对象需要捕捉多个垂足时，将自动打开"递延垂足"捕捉模式。可以使用"递延切点"来绘制与圆弧、多段线圆弧或圆相切的直线或构造线。当靶框经过"递延切点"捕捉点时，将显示标记和 AutoSnap 工具提示。当用"自"选项结合"切点"捕捉模式来绘制除开始于圆弧或圆的直线以外的对象时，第一个绘制的点是与在绘图区域最后选定的点相关的圆弧或圆的切点，如图 2.38 所示。

（9）最近点捕捉是指捕捉到圆弧、圆、椭圆、椭圆弧、直线、多行、点、多段线、射线、样条曲线或参照线距离当前光标位置的最近点，如图 2.39 所示。

图 2.37　垂足捕捉　　　　图 2.38　切点捕捉　　　　图 2.39　最近点捕捉

2.3.5　控制重叠图形显示次序

重叠对象（例如文字、宽多段线和实体填充多边形）通常按其创建次序显示，新创建的对象显示在现有对象前面。可以使用 DRAWORDER 改变所有对象的绘图次序（显示和打印次序），使用 TEXTTOFRONT 可以更改图形中所有文字和标注的绘图次序。

依次单击图形对象，然后单击右键，弹出快捷菜单，选择绘图次序，再根据需要选择"置于对象之上"和"置于对象之下"等相应选项，如图 2.40 所示。

图 2.40　控制图形显示次序

2.4 AutoCAD 绘图快速操作方法

2.4.1 全屏显示方法

　　"全屏显示"是指屏幕上仅显示菜单栏、"模型"选项卡和"布局"选项卡（位于图形底部）、状态栏和命令行。"全屏显示"按钮位于应用程序状态栏的右下角，使用鼠标直接单击该按钮图标即可实现开启或关闭"全屏显示"。或打开"视图"下拉菜单选择"全屏显示"即可，如图 2.41 所示。

（a）一般显示绘图环境

（b）全屏显示绘图环境

图 2.41　全屏显示

2.4.2 视图控制方法

　　视图控制只是对图形在屏幕上显示的位置进行改变和控制，并不更改图形中对象的位置和大小等。可以通过以下方法移动或缩放视图。

　　■ 缩放屏幕视图范围。前后滚动鼠标中间的轮子即可；或者不选定任何对象，在绘图区域单击鼠标右键，在弹出的快捷菜单中选择"缩放"，然后拖动鼠标即可进行。

　　■ 平移屏幕视图范围。不选定任何对象，在绘图区域单击鼠标右键，在弹出的快捷菜单中选择"平移"，然后拖动鼠标即可进行，如图 2.42 所示。

　　■ 在命令行下输入"ZOOM"或"Z"（缩放视图）、"PAN"或"P"（平移视图）。

　　■ 单击"标准"工具栏上的"实时缩放"或"实时平移"按钮，也可以单击底部状态栏上的"缩放"、"平移"，即图标 　。

　　要随时停止平移视图或缩放视图，请按 Enter 键或 Esc 键。

图 2.42　视图控制

2.4.3　键盘 F1～F12 功能键使用方法

AutoCAD 系统中设置了 F1～F12 键的功能，作用如下。

（1）F1 键：按下 F1 键，AutoCAD 提供帮助窗口，可以查询功能命令、操作指南等帮助说明文字，如图 2.43 所示。

（2）F2 键：按下 F2 键，AutoCAD 弹出显示命令文本窗口，可以查看操作命令历史记录过程，如图 2.44 所示。

图 2.43　F1 键提供帮助功能　　　　图 2.44　F2 键显示命令文本窗口

（3）F3 键：开启、关闭对象捕捉功能。按下 F3 键，AutoCAD 控制绘图对象捕捉进行切换，再按一下 F3 键，关闭对象捕捉功能，再按一下，启动对象捕捉功能，如图 2.45 所示。

（4）F4 键：开启、关闭三维对象捕捉功能，如图 2.46 所示。

图 2.45　F3 键控制捕捉功能　　　　图 2.46　三维对象捕捉

（5）F5 键：按下 F5 键，AutoCAD 切换等轴测平面不同视图，包括等轴测平面俯视、等轴测平面右视、等轴测平面左视。这在绘制等轴测图时使用，如图 2.47 所示。

- 左平面。捕捉和栅格沿90°和150°轴对齐。
- 上平面。捕捉和栅格沿30°和150°轴对齐。
- 右平面。捕捉和栅格沿30°和90°轴对齐。

图 2.47　等轴测平面不同视图

（6）F6 键：按下 F6 键，AutoCAD 控制开启或关闭动态 UCS 坐标系。这在绘制三维图形使用 UCS 时用到。

（7）F7 键：按下 F7 键，AutoCAD 控制显示或隐藏格栅线，如图 2.48 所示。

图 2.48　F7 键显示或隐藏格栅线

（8）F8 键：按下 F8 键，AutoCAD 控制绘图时图形线条是否为水平/垂直方向或倾斜方向，称为正交模式控制，如图 2.49 所示。

图 2.49　F8 键控制正交模式

（9）F9 键：按下 F9 键，AutoCAD 控制绘图时通过指定格栅距离大小设置进行捕捉。与 F3 键不同，F9 键控制捕捉位置是不可见矩形格栅距离位置，以限制光标仅在指定的 X 和 Y 间隔内移动。打开或关闭此种捕捉模式，可以通过单击状态栏上的"捕捉模式"、按 F9 键，或使用 SNAPMODE 系统变量，来打开或关闭捕捉模式，如图 2.50 所示。

图 2.50　F9 键控制格栅捕捉

（10）F10 键：按下 F10 键，AutoCAD 控制开启或关闭极轴追踪模式（极轴追踪是指光标将按指定的极轴距离增量进行移动），如图 2.51 所示。

图 2.51　F10 键控制功能

（11）F11 键：按下 F11 键，AutoCAD 控制开启或关闭对象捕捉追踪模式，如图 2.52 所示。

图 2.52　对象捕捉追踪

（12）F12 键：按下 F12 键，AutoCAD 控制开启或关闭动态输入模式，如图 2.53 所示。

2.4.4　AutoCAD 功能命令别名（简写或缩写形式）

AutoCAD 软件绘图的各种功能命令是使用英语单词形式，即使是 AutoCAD 中文版也是如此，不能使用中文命令进行输入操作。例如，绘制直线的功能命令是"line"，输入的命令是"line"，不能使用中文"直线"作为命令输入。

（a）关闭动态输入   （b）开启动态输入

图 2.53　F12 键控制功能

另外，AutoCAD 软件绘图的各种功能命令不区分大小写，功能相同，在输入功能命令时可以使用大写字母，也可以使用小写字母。例如,输入绘制直线的功能命令时，可以使用"LINE"，也可以使用"line"，输入形式如下：

命令：LINE

或：

命令：line

AutoCAD 软件提供多种方式启动各种功能命令。一般可以通过以下三种方式执行相应的功能命令。

■ 打开下拉菜单选择相应的功能命令选项。

■ 单击相应工具栏上的相应功能命令图标。

■ 在"命令："命令行提示下直接输入相应功能命令的英文字母（注：不能使用中文汉字作为命令输入）。

命令别名是在命令提示下代替整个命令名而输入的缩写或简写。例如，可以输入"c"代替"circle"来启动 CIRCLE 命令。别名与键盘快捷键不同，快捷键是多个按键的组合，例如 SAVE 的快捷键是 Ctrl+S。

具体地说，在使用 AutoCAD 软件绘图的各种功能命令时，部分绘图和编辑等功能命令可以使用其缩写形式代替，二者作用完全相同。例如，绘制直线的功能命令"line"，其缩写形式为"1"，在输入时可以使用"LINE"或"line"，也可以使用"L"或"1"，它们的作用完全相同。

AutoCAD 软件常用的绘图和编辑功能命令别名（缩写形式）主要有如表 2.1 所示的一些。

表 2.1　AutoCAD 软件常用的绘图和编辑功能命令别名（缩写形式）

序号	功能命令全称	命令缩写形式	功能作用
1	ALIGN	AL	在二维和三维空间中将对象与其他对象对齐
2	ARC	A	创建圆弧
3	AREA	AA	计算对象或所定义区域的面积和周长
4	ARRAY	AR	创建图形中对象的多个副本
5	BHATCH	H 或 BH	使用填充图案或渐变填充来填充封闭区域或选定对象

序号	功能命令全称	命令缩写形式	功 能 作 用
6	BLOCK	B	从选定的对象中创建一个块定义
7	BREAK	BR	在两点之间打断选定对象
8	CHAMFER	CHA	给对象加倒角
9	CHANGE	-CH	更改现有对象的特性
10	CIRCLE	C	创建圆
11	COPY	CO 或 CP	在指定方向上按指定距离复制对象
12	DDEDIT	ED	编辑单行文字、标注文字、属性定义和功能控制边框
13	DDVPOINT	VP	设置三维观察方向
14	DIMBASELINE	DBA	从上一个标注或选定标注的基线处创建线性标注、角度标注或坐标标注
15	DIMALIGNED	DAL	创建对齐线性标注
16	DIMANGULAR	DAN	创建角度标注
17	DIMCENTER	DCE	创建圆和圆弧的圆心标记或中心线
18	DIMCONTINUE	DCO	创建从先前创建的标注的尺寸界线开始的标注
19	DIMDIAMETER	DDI	为圆或圆弧创建直径标注
20	DIMEDIT	DED	编辑标注文字和尺寸线
21	DIMLINEAR	DLI	创建线性标注
22	DIMRADIUS	DRA	为圆或圆弧创建半径标注
23	DIST	DI	测量两点之间的距离和角度
24	DIVIDE	DIV	创建沿对象的长度或周长等间隔排列的点对象或块
25	DONUT	DO	创建实心圆或较宽的环
26	DSVIEWER	AV	打开"鸟瞰视图"窗口
27	DVIEW	DV	使用相机和目标来定义平行投影或透视视图
28	ELLIPSE	EL	创建椭圆或椭圆弧
29	ERASE	E	从图形中删除对象
30	EXPLODE	X	将复合对象分解为其组件对象
31	EXPORT	EXP	以其他文件格式保存图形中的对象
32	EXTEND	EX	扩展对象以与其他对象的边相接
33	EXTRUDE	EXT	通过延伸对象的尺寸创建三维实体或曲面
34	FILLET	F	给对象加圆角
35	HIDE	HI	重生成不显示隐藏线的三维线框模型
36	IMPORT	IMP	将不同格式的文件输入当前图形中
37	INSERT	I	将块或图形插入当前图形中
38	LAYER	LA	管理图层和图层特性
39	LEADER	LEAD	创建连接注释与特征的线
40	LENGTHEN	LEN	更改对象的长度和圆弧的包含角
41	LINE	L	创建直线段
42	LINETYPE	LT	加载、设置和修改线型
43	LIST	LI	为选定对象显示特性数据
44	LTSCALE	LTS	设定全局线型比例因子
45	LWEIGHT	LW	设置当前线宽、线宽显示选项和线宽单位
46	MATCHPROP	MA	将选定对象的特性应用于其他对象
47	MIRROR	MI	创建选定对象的镜像副本
48	MLINE	ML	创建多条平行线
49	MOVE	M	在指定方向上按指定距离移动对象
50	MTEXT	MT 或 T	创建多行文字对象
51	OFFSET	O	创建同心圆、平行线和平行曲线

序号	功能命令全称	命令缩写形式	功能 作 用
52	PAN	P	将视图平面移到屏幕上
53	PEDIT	PE	编辑多段线和三维多边形网格
54	PLINE	PL	创建二维多段线
55	POINT	PO	创建点对象
56	POLYGON	POL	创建等边闭合多段线
57	PROPERTIES	CH	控制现有对象的特性
58	PURGE	PU	删除图形中未使用的项目,例如块定义和图层
59	RECTANG	REC	创建矩形多段线
60	REDO	U	恢复上一个用 UNDO 或 U 命令放弃的效果
61	REDRAW	R	刷新当前视口中的显示
62	REVOLVE	REV	通过绕轴扫掠对象创建三维实体或曲面
63	ROTATE	RO	绕基点旋转对象
64	SCALE	SC	放大或缩小选定对象,使缩放后对象的比例保持不变
65	SECTION	SEC	使用平面和实体、曲面或网格的交集创建面域
66	SLICE	SL	通过剖切或分割现有对象,创建新的三维实体和曲面
67	SOLID	SO	创建实体填充的三角形和四边形
68	SPLINE	SPL	创建通过拟合点或接近控制点的平滑曲线
69	SPLINEDIT	SPE	编辑样条曲线或样条曲线拟合多段线
70	STRETCH	S	拉伸与选择窗口或多边形交叉的对象
71	STYLE	ST	创建、修改或指定文字样式
72	SUBTRACT	SU	通过减法操作来合并选定的三维实体或二维面域
73	TORUS	TOR	创建圆环形的三维实体
74	TRIM	TR	修剪对象以与其他对象的边相接
75	UNION	UNI	通过加操作来合并选定的三维实体、曲面或二维面域
76	UNITS	UN	控制坐标和角度的显示格式和精度
77	VIEW	V	保存和恢复命名视图、相机视图、布局视图和预设视图
78	VPOINT	VP	设置图形的三维可视化观察方向
79	WBLOCK	W	将对象或块写入新图形文件
80	WEDGE	WE	创建三维实体楔体

2.5 AutoCAD 图形坐标系

在命令提示输入点时,可以使用定点设备指定点,也可以在命令提示下输入坐标值。打开动态输入时,可以在光标旁边的工具提示中输入坐标值。可以按照笛卡儿坐标(X,Y)或极坐标输入二维坐标。笛卡儿坐标系有三个轴,即 X、Y 和 Z 轴。输入坐标值时,需要指示沿 X、Y 和 Z 轴相对于坐标系原点(0,0,0)的距离(以单位表示)及其方向(正或负)。在二维中,在 XY 平面(也称为工作平面)上指定点。工作平面类似于平铺的网格纸。笛卡儿坐标的 X 值指定水平距离,Y 值指定垂直距离。原点(0,0)表示两轴相交的位置。极坐标使用距离和角度来定位点。使用笛卡儿坐标和极坐标,均可以基于原点(0,0)输入绝对坐标,或基于上一指定点输入相对坐标。输入相对坐标的另一种方法是:通过移动光标指定方向,然后直接输入距离。此方法称为直接距离输入。可以用科学、小数、工程、建筑或分数格式输入坐标。可以使用百分度、弧度、勘测单位或度/分/秒输入角度。UNITS 命令控制了单位的格式。

AutoCAD 图形的位置是由坐标系来确定的,AutoCAD 环境下使用两个坐标系,即世界坐标系、用户坐标系。

一般地，AutoCAD 以屏幕的左下角为坐标原点 O（0，0，0），X 轴为水平轴，向右为正；Y 轴为垂直轴，向上为正；Z 轴则根据右手规则确定，垂直于 XOY 平面，指向使用者，如图 2.54（a）所示。这样的坐标系称为世界坐标系（World Coordinate System，WCS），有时又称为通用坐标系，世界坐标系是固定不变的。AutoCAD 允许根据绘图时的不同需要，建立自己专用的坐标系，即用户坐标系（User Coordinate System，UCS），用户坐标系主要在三维绘图时使用。如果图标显示在当前 UCS 的原点处，则图标中有一个加号（+）。如果图标显示在视口的左下角，则图标中没有加号。常见的 AutoCAD 的 UCS 图标如图 2.54（b）所示。

（a）AutoCAD 方向确定原则

二维UCS图标　　三维UCS图标　　着色UCS图标　　WCS上的三维UCS

WCS上的二维UCS　　二维UCS折断的铅笔　　二维UCS的右侧视图　　三维UCS的仰视图

（b）常见 UCS 图标

图 2.54　AutoCAD 坐标

2.5.1　AutoCAD 坐标系设置

2.5.1.1　坐标系的形式

AutoCAD 在屏幕上最常见的坐标系表示形式，如图 2.55 所示。在 AutoCAD 环境下进行图形绘制时，可以采用绝对直角坐标、相对直角坐标、相对极坐标、球坐标或柱坐标等方法确定点的位置，后两种坐标在三维坐标系中使用，在此不详细论述。

可以使 AutoCAD 显示或隐藏其坐标系图标。坐标显示的设置可由如下两种方法实现。

■ 在"命令:"下输入 UCSICON 命令，即：

命令：UCSICON（控制坐标系图标显示）

输入选项 [开(ON)/关(OFF)/全部(A)/非原点(N)/原点(OR)/特性(P)] <开>:（输入 ON 或 OFF 控制显示）

■ 打开"视图"下拉菜单，选择"显示"命令。接着选择"UCS 图标"命令，最后选择"开"命令在开/关之间进行切换。

2.5.1.2 坐标显示

在屏幕的左下角状态栏中，AutoCAD 提供了一组用逗号隔开的数字，从左至右分别代表 X 轴、Y 轴和 Z 轴的坐标值，如图 2.56 所示。当移动鼠标时，坐标值将随着变化，状态栏中所显示的坐标值是光标的当前位置。在二维坐标系下，随着光标的移动，(X, Y) 数值不断发生变化，而 Z 值保持一定的稳定性。

图 2.55　常见坐标系形式

图 2.56　坐标值 (X, Y, Z)

2.5.2　绝对直角坐标

AutoCAD 通过直接输入坐标值 (X, Y, Z) 在屏幕上上确定唯一的点位置，该坐标 (X, Y, Z) 是相对于坐标系的原点 $(0,0,0)$ 的，称为绝对直角坐标。在二维平面条件下，只需考虑 X、Y 的坐标值即可，Z 的值恒为 0，即 (X, Y)。

AutoCAD 绝对直角坐标的输入方法为：在命令提示后通过键盘直接以"X, Y"形式输入，例如，如图 2.57 所示的直线 AB。若坐标数值为负，则直线的方向与正值相反。

命令：LINE（输入绘制直线 AB 命令）

指定第一点：6,8（输入直线起点 A 的坐标值）

指定下一点或 [放弃(U)]：12,28（输入直线终点 B 的坐标值）

指定下一点或 [放弃(U)]：（回车结束）

2.5.3　相对直角坐标

除了绝对直角坐标外，AutoCAD 还可以利用"@X，Y，Z"方法精确地设定点的位置。"@X，Y，Z"表示相对于上一个点分别在 X、Y、Z 方向的距离。这样的坐标称为相对直角坐标。在二维平面环境（XOY 平面）下绘制图形对象，可以不考虑 Z 坐标，AutoCAD 将 Z 坐标保持为 0 不变，也即以"@X,Y"形式来表示。

AutoCAD 相对直角坐标的输入方法为：在命令提示后通过键盘直接以"@X，Y"形式输入。直线 AC 可以按相同方法（@0，13）绘制得到。若坐标数值为负，则直线的方向与正值相反。例如，以前述 B 为起点，绘制 C 点，如图 2.58 所示。

命令：LINE（输入绘制直线 BC 命令）

指定第一点：（直线起点捕捉端点 B）

指定下一点或 [放弃(U)]：@10，-8（输入直线终点 C 相对于 B 点的坐标值）

指定下一点或 [放弃(U)]：（回车）

图 2.57　使用绝对直角坐标　　　　　　　图 2.58　使用相对直角坐标

2.5.4　相对极坐标

相对极坐标是指相对于某一个固定位置点的距离和角度而确定新的位置所使用的坐标。在 AutoCAD 中默认的角度方向为逆时针方向，用极坐标进行点的定位总是相对于前一个点，而不是原点。

AutoCAD 相对极坐标的输入方法为：在命令提示后通过键盘直接以"@X<Y"形式输入，其中 X 表示相对于前一个点的距离大小，Y 表示与坐标系水平 X 轴直线的角度大小。若坐标数值或角度为负，则直线的方向与正值相反，角度方向为顺时针方向。例如，如图 2.59 所示绘制直线 AD。

命令：LINE（输入绘制直线 AD 命令）

指定第一点：（直线起点捕捉端点 A）

指定下一点或 [放弃(U)]：@12<60（输入直线终点 D 相对于 A 点的距离 12 和与水平轴线的角度 60°）

指定下一点或 [放弃(U)]：（回车）

图 2.59　使用相对极坐标

2.6　图层常用操作

为便于对图形中不同元素对象进行控制，AutoCAD 提供了图层（Layer）功能，即不同的透明存储层，可以存储图形中不同元素对象。每个图层都有一些相关联的属性，包括图层名、颜色、线型、线宽和打印样式等。图层是绘制图形时最为有效的图形对象管理手段和方式，极大方便了图形的操作。此外，图层的建立、编辑和修改也简捷明了，操作极为便利。

2.6.1　建立新图层

可以通过如下几种方式建立 AutoCAD 新图层。

■ 在"命令:"命令提示下输入"LAYER"命令。

■ 打开"格式"下拉菜单，选择"图层"命令。

■ 单击图层工具栏上的"图层特性管理器"图标。

执行上述操作后，系统将弹出"图层特性管理器"对话框。单击其中的"新建图层"按钮，在当前图层选项区域下将以"图层 1，图层 2……"的名称建立相应的图层，即为新的图层，该图层的各项参数采用系统默认值。然后单击"图层特性管理器"对话框右上角按钮关闭或自动隐藏。每一个图形都有一个 0 层，其名称不可更改，且不能删除该图层。其他所建立的图层各项参数是可以修改的，包括名称、颜色等属性参数，如图 2.60 所示。

图 2.60　建立新的图层

2.6.2　图层相关参数的修改

可以对 AutoCAD 图层如下的属性参数进行编辑与修改。

（1）图层名称　图层的取名原则应简单易记，与图层中的图形对象紧密关联。图层名称的修改很简单，按前述方法打开"图层特性管理器"对话框，单击要修改图层名称后按箭头键"→"，该图层的名称出现一个矩形框，变为可修改，可以进行修改。也可以单击右键，在弹出的菜单中选择"重命名图层"即可修改，如图 2.61 所示。AutoCAD 系统对图层名称有一定的限制条件，不能采用"<、\、？、、=、*、:"等符号作为图层名，其长度约 255 个字符。

（2）设置为当前图层　当前图层是指正在进行图形绘制的图层，即当前工作层，所绘制的图形将存放在当前图层中。因此，要绘制某类图形对象元素时，最好先将该类图形对象元素所在的图层设置为当前图层。

按前述方法打开"图层特性管理器"对话框，单击要设置为当前图层的图层，再单击"置为当前"按钮，该图层即为当前工作图层，如图 2.61 所示。

图 2.61　修改图层名称

（3）图层颜色　AutoCAD 系统默认图层的颜色为白色或黑色，也可以根据绘图的需要修改图层的颜色。先按前面所述的方法启动"图层特性管理器"对话框，然后单击颜色栏下、要改变颜色的图层所对应的图标。系统将弹出"选择颜色"对话框，在该对话框中用光标拾取颜色，最后单击"确定"按钮。该图层上的图形元素对象颜色即以此作为其色彩，如图 2.62 所示。

图 2.62　修改图层颜色

（4）删除图层和隐藏图层　先按前面所述的方法启动"图层特性管理器"对话框，然后在弹出的"图层特性管理器"对话框中，单击要删除的图层，再单击"删除"按钮，最后单击"确定"按钮，该图层即被删除。只有图层为空图层时，即图层中无任何图形对象元素时，才能对其进行删除操作。此外 0、defpoints 图层不能被删除。

隐藏图层操作是指将该图层上的所有图形对象元素隐藏起来，不在屏幕中显示出来，但图形对象元素仍然保存在图形文件中。

要隐藏图层，先按前面所述的方法启动"图层特性管理器"对话框，然后单击"开"栏下、要隐藏的图层所对应的电灯泡图标，该图标填充满颜色即是关闭隐藏，该图层上的图形元素对象不再在屏幕中显示出来。要重新显示该图层图形对象，只需单击该对应图标，使其变空即可，如图 2.63 所示。

（5）冻结与锁定图层　冻结图层是指将该图层设置为既不在屏幕上显示，也不能对其进行删除等编辑操作的状态。锁定图层与冻结图层的不同之处在于该锁定后的图层仍然在屏幕上显示。注意当前图层不能进行冻结操作。

其操作与隐藏图层相似。先按前面所述的方法启动，然后单击冻结/锁定栏下、要冻结/锁定的图层所对应的锁头图标，该图标将发生改变（颜色或形状改变）。冻结后图层上的图形元素对象不再在屏幕中显示出来，而锁定后图层上的图形元素对象继续在屏幕中显示出来但不能删除。要重新显示该图层图形对象，只需单击该对应图标，使图标发生改变即可，如图 2.64 所示。

图 2.63　隐藏图层　　　　　　　　　图 2.64　冻结与锁定图层

2.7 CAD 图形常用选择方法

在进行绘图时，需要经常选择图形对象进行操作。AutoCAD 提供了多种图形选择方法，其中最为常用的方式如下所述。

2.7.1 使用拾取框光标

矩形拾取框光标放在要选择对象的位置时，将亮显对象，单击左键即可选择图形对象。按住 Shift 键并再次选择对象，可以将其从当前选择集中删除，如图 2.65 所示。

图 2.65　使用光标选择图形

2.7.2 使用矩形窗口选择图形

矩形窗口选择图形是指从第一点向对角点拖动光标的方向将确定选择的对象。使用"窗口选择"选择对象时，通常整个对象都要包含在矩形选择区域中才能选中。

（1）窗口选择　从左向右拖动光标，以仅选择完全位于矩形区域中的对象（自左向右方向，即从第 1 点至第 2 点方向进行选择），如图 2.66 所示。

（2）窗交选择　从左向右拖动光标，以选择矩形窗口包围的或相交的对象（自右向左方向，即从第 1 点至第 2 点方向进行选择），如图 2.67 所示。

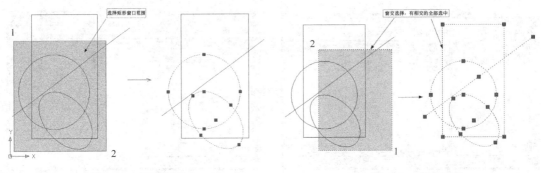

图 2.66　窗口选择　　　　　　　　图 2.67　窗交选择

2.7.3　任意形状窗口选择图形

在 AutoCAD 2015～2017 及以上版本中，增加了图形选择的新功能，即可以任意形状的图形进行图形选择功能。操作方法如下，如图 2.68 所示。

（1）执行相关功能命令后，在提示"选择对象"时，按住鼠标左键不放，同时移动光标即可进行选择。

（2）对象选择完成后松开鼠标，穿越的图形被选择中，同时图形显示颜色改变。

（3）移动光标的方向为顺时针或逆时针均可。只要窗口形状线（即"套索"）全部或部分穿越的图形，均被选中。

命令：MOVE

窗口(W) 套索　按空格键可循环浏览选项找到 10 个

选择对象：

指定基点或 [位移(D)] <位移>：

指定位移 <0.0000, 0.0000, 0.0000>：

（a）套索全部穿越选择

顺时针穿越　　　逆时针穿越　　　穿越选中

（b）套索部分穿越选择

图 2.68　任意形状窗口选择图形

2.8　常用 CAD 绘图快速操作技巧方法

在进行绘图操作时，有一些技巧是在个人实践中总结出来的，在相关 AutoCAD 文献中不易找到。本节将介绍一些实用的 CAD 操作方法技巧，对绘图大有益处。熟能生巧，是最为有效的方法。

2.8.1 图形线型快速修改

CAD 图形线型是由虚线、点和空格组成的重复图案，显示为直线或曲线。可以通过图层将线型指定给对象，也可以不依赖图层而明确指定线型。在工程开始时加载工程所需的线型，以便在需要时使用。

2.8.1.1 加载线型

加载线型的步骤如下。

（1）依次单击"常用"选项卡→"特性"面板→"线型"。

（2）在"线型"下拉列表中，单击"其他"。然后，在"线型管理器"对话框中，单击"加载"。

（3）在"加载或重载线型"对话框中，选择一种线型。单击"确定"。

如果未列出所需线型，请单击"文件"。在"选择线型文件"对话框中，选择一个要列出其线型的 LIN 文件，然后单击该文件。此对话框将显示存储在选定的 LIN 文件中的线型定义。选择一种线型，单击"确定"。

可以按住 Ctrl 键来选择多个线型，或者按住 Shift 键来选择一个范围内的线型。

（4）单击"确定"，如图 2.69 所示。

图 2.69　加载线型

2.8.1.2 设定和更改当前线型

所有对象都是使用当前线型（显示在"特性"工具栏上的"线型"控件中）创建的。也可以使用"线型"控件设定当前的线型。如果将当前线型设定为 BYLAYER，则将使用指定给当前图层的线型来创建对象。如果将当前线型设定为 BYBLOCK，则将对象编组到块中之前，将使用 CONTINUOUS 线型来创建对象。将块插入到图形中时，此类对象将采用当前线型设置。如果不希望当前线型成为指定给当前图层的线型，则可以明确指定其他线型。CAD 软件中某些对象（文字、点、视口、图案填充和块）不显示线型。

为全部新图形对象设定线型的步骤如下。

（1）依次单击"常用"选项卡→"特性"面板→"线型"。

（2）在"线型"下拉列表中，单击"其他"。然后，在"线型管理器"对话框中，单击"加载"。

可以按住 Ctrl 键来选择多个线型，或者按住 Shift 键来选择一个范围内的线型。

（3）在"线型管理器"对话框中，执行以下操作之一。

选择一个线型并选择"当前"，以该线型绘制所有的新对象。

选择 BYLAYER 以使用指定给当前图层的线型来绘制新对象。

选择 BYBLOCK 以便用当前线型来绘制新对象，直到将这些对象编组为块。将块插入到图形中时，块中的对象将采用当前线型设置。

（4）单击"确定"。

更改指定给图层的线型的步骤如下。

（1）依次单击"常用"选项卡→"图层"面板→"图层特性"。

（2）在"图层特性管理器"中，选择要更改的线型名称。

（3）在"选择线型"对话框中，选择所需的线型。单击"确定"。

（4）再次单击"确定"。

更改图形对象的线型方法：选择要更改其线型的对象。依次单击"常用"选项卡→"选项板"面板→"特性"。在"特性"选项板上，单击"线型"控件。选择要指定给对象的线型。可以通过以下三种方案更改对象的线型。

（1）将对象重新指定给具有不同线型的其他图层。如果将对象的线型设定为 BYLAYER，并将该对象重新指定给其他图层，则该对象将采用新图层的线型。

（2）更改指定给该对象所在图层的线型。如果将对象的线型设定为 BYLAYER，则该对象将采用其所在图层的线型。如果更改了指定给图层的线型，则该图层上指定了 BYLAYER 线型的所有对象都将自动更新。

（3）为对象指定一种线型以替代图层的线型。可以明确指定每个对象的线型。如果要用其他线型来替代对象由图层决定的线型，请将现有对象的线型从 BYLAYER 更改为特定的线型（例如 DASHED）。

2.8.1.3 控制线型比例

通过全局更改或分别更改每个对象的线型比例因子，可以以不同的比例使用同一种线型。默认情况下，全局线型和独立线型的比例均设定为 1.0。比例越小，每个绘图单位中生成的重复图案数越多。例如，设定为 0.5 时，每个图形单位在线型定义中显示两个重复图案。不能显示一个完整线型图案的短直线段显示为连续线段。对于太短，甚至不能显示一条虚线的直线，可以使用更小的线型比例。不同全局比例因子显示效果如图 2.70 所示。

命令：LTSCALE

输入新线型比例因子 <1.0000>：1.000

正在重生成模型。

图 2.70　不同全局比例因子显示效果

"全局比例因子"的值控制 LTSCALE 系统变量，该系统变量可以全局更改新建对象和现有对象的线型比例。"当前对象缩放比例"的值控制 CELTSCALE 系统变量，该系统变量可以设定新建对象的线型比例。将用 LTSCALE 的值与 CELTSCALE 的值相乘可以获得显示的线型比例。可以轻松地分别更改或全局更改图形中的线型比例。在布局中，可以通过

PSLTSCALE 调节各个视口中的线型比例。

2.8.2　快速准确定位复制方法

要将图形准确复制到指定位置，可以使用"带基点复制"的功能方法，即将选定的对象与指定的基点一起复制到剪贴板，然后将图形准确粘贴到指定位置，如图 2.71 所示。操作方法如下。

（1）菜单方法　打开下拉菜单"编辑（E）"→"带基点复制（B）"。

（2）快捷菜单方法　终止所有活动命令，在绘图区域中单击右键，然后从剪贴板中选择"带基点复制"。

图 2.71　将图形准确复制到指定位置

2.8.3　图形面积和长度快速计算方法

2.8.3.1　使用 AREA 功能命令计算面积

计算对象或所定义区域的面积和周长，可以使用 AREA 命令。操作步骤是在选择"工具(T)"下拉菜单→"查询(Q)"→"面积"。

命令：AREA

指定第一个角点或 [对象(O)/增加面积(A)/减少面积(S)] <对象(O)>：

选择对象：

区域 = 15860.5147，周长 = 570.0757

其中：

（1）"对象(O)"选项　可以计算选定对象的面积和周长。可以计算圆、椭圆、样条曲线、多段线、多边形、面域和三维实体的面积。如果选择开放的多段线，将假设从最后一点到第一点绘制了一条直线，然后计算所围区域中的面积。计算周长时，将忽略该直线的长度；计算面积和周长时将使用宽多段线的中心线。

（2）"增加面积(A)"选项　打开"加"模式后，继续定义新区域时应保持总面积平衡。可以使用"增加面积"选项计算各个定义区域和对象的面积、周长，以及所有定义区域和对象的总面积。也可以进行选择以指定点，将显示第一个指定的点与光标之间的橡皮线。要加上的面积以绿色亮显，如图 2.72（a）所示。按 Enter 键。AREA 将计算面积和周长，并返回打开"加"模式后通过选择点或对象定义的所有区域的总面积。如果不闭合这个多边形，将假设从最后一点到第一点绘制了一条直线，然后计算所围区域中的面积。计算周长时，该直线的长度也会计算在内。

（3）"减少面积(S)"选项　与"增加面积"选项类似，但减少面积和周长。可以使用"减少面积"选项从总面积中减去指定面积。也可以通过点指定要减去的区域。将显示第一个指定的点与光标之间的橡皮线。指定要减去的面积以绿色亮显，如图 2.72（b）所示。

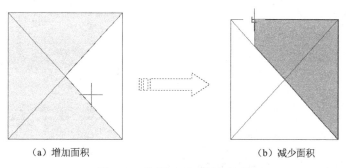

图 2.72　使用 AREA 面积计算

　　计算由指定点所定义的面积和周长。所有点必须都在与当前用户坐标系（UCS）的 *XY* 平面平行的平面上。将显示第一个指定的点与光标之间的橡皮线。指定第二个点后，将显示具有绿色填充的直线段和多段线。继续指定点以定义多边形，然后按 Enter 键完成周长定义。如果不闭合这个多边形，将假设从最后一点到第一点绘制了一条直线，然后计算所围区域中的面积。计算周长时，该直线的长度也会计算在内。

2.8.3.2　使用 PLINE 和 LIST 命令计算面积

　　可使用 PLINE 创建闭合多段线。然后选择闭合图形使用LIST或"特性"选项板来查找面积，按下 F2 键可以看到面积等提示，如图 2.73 所示。

图 2.73　使用 PLINE 和 LIST 计算面积

2.8.3.3　使用 BOUNDARY 和 LIST 命令计算面积

　　使用 BOUNDARY 从封闭区域创建面域或多段线，然后使用 LIST 计算面积方法，按下 F2 键可以看到面积等提示，如图 2.74 所示。

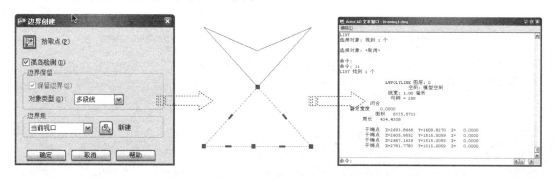

图 2.74　使用 BOUNDARY 和 LIST 计算面积

命令：BOUNDARY

拾取内部点： 正在选择所有对象...

正在选择所有可见对象...

正在分析所选数据...

正在分析内部孤岛...

拾取内部点：

BOUNDARY 已创建 1 个多段线

2.8.4 当前视图中图形显示精度快速设置

当前视图中图形显示精度设置也即设置当前视口中对象的分辨率，其功能命令是 VIEWRES。VIEWRES 使用短矢量控制圆、圆弧、样条曲线和圆弧式多段线的外观。矢量数目越大，圆或圆弧的外观越平滑。例如，如果创建了一个很小的圆然后将其放大，它可能显示为一个多边形。使用 VIEWRES 增大缩放百分比并重新生成图形，可以更新圆的外观并使其平滑，如图 2.75 所示。

VIEWRES 设置保存在图形中。要更改新图形的默认值，请指定新图形所基于的样板文件中的 VIEWRES 设置。如果命名（图纸空间）布局首次成为当前设置而且布局中创建了默认视口，此初始视口的显示分辨率将与"模型"选项卡视口的显示分辨率相同。

命令： VIEWRES

是否需要快速缩放？[是(Y)/否(N)] <Y>：Y

输入圆的缩放百分比 (1-20000) <1000>：20000(最小为 1，最大 2 为 20000)

正在重生成模型。

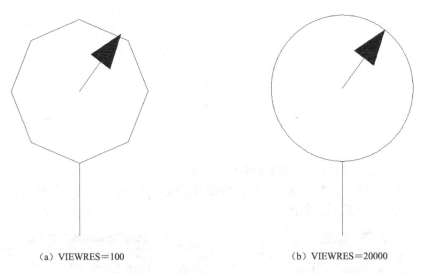

(a) VIEWRES＝100 (b) VIEWRES＝20000

图 2.75 不同图形显示精度效果

第 3 章

建筑施工 CAD 基本图形绘制方法

本章主要介绍使用 AutoCAD 进行建筑施工绘图中基本图形绘制的方法和技巧，包括：直线、折线、弧线和曲线等各种线条绘制；圆形和矩形、多边形、表格等各种规则和不规则图形绘制；以及较为复杂图形的绘制思路和方法。AutoCAD 的绘图功能十分强大，使用方便，用途广泛，能够应对各种图形的绘制，是建筑施工绘图及文件制作的有力助手。

需要说明一点，CAD 绘图时，在"命令:"输入相关命令后，回车"Enter"即可执行该命令进行操作。**AutoCAD 操作命令不区分字母大小写，大小写均相同。**例如：

命令: LINE（输入 LINE 或 line 或 Line 后，按回车"Enter"按键均可执行相同操作功能）

3.1 常见线条 CAD 快速绘制

AutoCAD 中的点、线（包括直线、曲线）等是最基本的图形元素。其中，线的绘制包括直线与多段线、射线与构造线、弧线与椭圆弧线、样条曲线与多线等各种形式的线条。

3.1.1 点的绘制

在点、线、面三种类型图形对象中，点无疑是 AutoCAD 中最基本的组成单位元素。点可以作为捕捉对象的节点。点的 AutoCAD 功能命令为 POINT（简写形式为 PO）。其绘制方法是在提示输入点的位置时，直接输入点的坐标或者使用鼠标选择点的位置即可。

启动 POINT 命令可以通过以下三种方式。

■ 打开【绘图】下拉菜单选择命令【点】选项中的【单点】或【多点】命令。

■ 单击【绘图】工具栏上的【点】命令图标。

■ 在"命令:"命令行提示下直接输入 POINT 或 PO 命令（不能使用"点"作为命令输入）。

打开"格式"下拉菜单选择"点样式"命令选项，就可以选择点的图案形式和图标的大小，如图 3.1 所示。点的形状和大小也可以由系统变量 PDMODE 和 PDSIZE 控制，其中变量 PDMODE 用于设置点的显示图案形式（如果 PDMODE 的值为 1，则指定不显示任何图形），变量 PDSIZE 则用来控制图标的大小（如果 PDSIZE 设置为 0，将按绘图区域高度的 5%生成点对象）。正的 PDSIZE 值指定点图形的绝对尺寸，负值将解释为视口尺寸的百分比。修改 PDMODE 和 PDSIZE 之后，AutoCAD 下次重生成图形时改变现有点的外观。重生成图形时将重新计算所有点的尺寸。进行点绘制的操作如下。

命令：POINT（输入画点命令）

当前点模式：PDMODE=99 PDSIZE=25.0000（系统变量的 PDMODE、PDSIZE 设置数值）

指定点：（使用鼠标在屏幕上直接指定点的位置，或直接输入点的坐标 x，y，z 数值）

点的功能一般不单独使用，常常在进行线段等分时作为等分标记使用，如图 3.2 所示。最好先选择点的样式，要显示其位置最好不使用 "." 的样式，因为该样式不易看到。操作如下。

命令：DIVIDE（打开 "绘图" 下拉菜单选择 "点" 命令选项，再选择 "定数等分或定距等分"）

选择要定数等分的对象：

输入线段数目或 [块(B)]：6

图 3.1　设置点样式　　　　　图 3.2　利用点标记等分线段

3.1.2　直线与多段线绘制

3.1.2.1　绘制直线

直线的 AutoCAD 功能命令为 LINE（简写形式为 L），绘制直线可通过直接输入端点坐标（X，Y）或直接在屏幕上使用鼠标选取。可以绘制一系列连续的直线段，但每条直线段都是一个独立的对象，按 Enter 键结束命令。

启动 LINE 命令可以通过以下三种方式。

■ 打开【绘图】下拉菜单选择【直线】命令选项。

■ 单击 "绘图" 工具栏上的 "直线" 命令图标。

■ 在 "命令:" 命令行提示下直接输入 LINE 或 L 命令（不能使用 "直线" 作为命令输入）。

要绘制斜线、水平和垂直的直线，可以结合使用 F8 键。反复按下 F8 键即可进行在斜线与水平或垂直方向之间切换。下面以在 "命令:" 行直接输入 LINE 或 L 命令为例，说明直线的绘制方法，如图 3.3 所示。

特别说明，在绘制图形时，图形的端点定位一般采用在屏幕上捕捉直接点取其位置，或输入相对坐标数值进行定位，通常不使用直接输入其坐标数值（X，Y）或（X，Y，Z），因为使用坐标数值比较烦琐。后面论述同此。

命令：LINE（输入绘制直线命令）

指定第一点：175，128（指定直线起点 A 或输入端点坐标）

指定下一点或 [放弃（U）]：545，442（按下 F8，键后指定直线终点 B 或输入端点坐标 545，442）

指定下一点或 [放弃（U）]：（回车）

（a）绘制直线 AB　　　　　　　　　　（b）不同方向直线

图 3.3　绘制直线

3.1.2.2　绘制多段线

多段线的 AutoCAD 功能命令为 PLINE（PLINE 为 Polyline 简写形式，简写形式为 PL），绘制多段线同样可通过直接输入端点坐标（X，Y）或直接在屏幕上使用鼠标选取。对于多段线，可以指定线型图案在整条多段线中是位于每条线段的中央，还是连续跨越顶点，如图 3.4 所示。可以通过设置 PLINEGEN 系统变量来执行此设置。

线型在二维多段线线段中居中　　　　　　　线型在二维多段线中连续

图 3.4　多段线设置

启动 PLINE 命令可以通过以下三种方式。

■ 打开【绘图】下拉菜单选择【多段线】命令选项。
■ 单击"绘图"工具栏上的"多段线"命令图标。
■ 在"命令:"命令行提示下直接输入 PLINE 或 PL 命令（不能使用"多段线"作为命令输入）。

绘制时要在斜线、水平和垂直之间进行切换，可以使用 F8 键。下面以在"命令:"直接输入 PLINE 或 PL 命令为例，说明多段线的绘制方法。

（1）使用 PLINE 绘制由直线构成的多段线，如图 3.5（a）所示。

命令：PLINE（绘制由直线构成的多段线）

指定起点:13,151（确定起点 A 位置）

当前线宽为 0.0000

指定下一个点或 [圆弧（A）/半宽（H）/长度（L）/放弃（U）/宽度（W）]：13,83（依次输入多段线端点 B 的坐标或直接在屏幕上使用鼠标选取）

指定下一点或 [圆弧（A）/闭合（C）/半宽（H）/长度（L）/放弃（U）/宽度（W）]：40,83

（下一点C）

指定下一点或 ［圆弧（A）/闭合（C）/半宽（H）/长度（L）/放弃（U）/宽度（W）］:66，133（下一点D）

指定下一点或 ［圆弧（A）/闭合（C）/半宽（H）/长度（L）/放弃（U）/宽度（W）］: 82，64（下一点E）

……

指定下一点或 ［圆弧（A）/闭合（C）/半宽（H）/长度（L）/放弃（U）/宽度（W）］:（回车结束操作）

（2）使用 PLINE 绘制由直线与弧线构成的多段线，如图 3.5(b)所示。

命令：PLINE（绘制由直线与弧线构成的多段线）

指定起点: 7，143（确定起点A位置）

当前线宽为 0.0000

指定下一个点或 ［圆弧（A）/半宽（H）/长度（L）/放弃（U）/宽度（W）］: 7，91（输入多段线端点B的坐标或直接在屏幕上使用鼠标选取）

指定下一点或 ［圆弧（A）/闭合（C）/半宽（H）/长度（L）/放弃（U）/宽度（W）］: A（输入A绘制圆弧段造型）

指定圆弧的端点或

／［角度（A）/圆心（CE）/闭合（CL）/方向（D）/半宽（H）/直线（L）/半径（R）/第二个点（S）/放弃（U）/宽度（W）］: 41，91（指定圆弧的第1个端点C）

指定圆弧的端点或

［角度（A）/圆心（CE）/闭合（CL）/方向（D）/半宽（H）/直线（L）/半径（R）/第二个点（S）/放弃（U）/宽度（W）］: 73，91（指定圆弧的第2个端点D）

指定圆弧的端点或

［角度（A）/圆心（CE）/闭合（CL）/方向（D）/半宽（H）/直线（L）/半径（R）/第二个点（S）/放弃（U）/宽度（W）］: L（输入L切换回绘制直线段造型）

指定下一点或 ［圆弧（A）/闭合（C）/半宽（H）/长度（L）/放弃（U）/宽度（W）］:73，125（下一点E）

指定下一点或 ［圆弧（A）/闭合（C）/半宽（H）/长度（L）/放弃（U）/宽度（W）］:（下一点）

……

指定下一点或 ［圆弧（A）/闭合（C）/半宽（H）/长度（L）/放弃（U）/宽度（W）］: C（闭合多段线）

（a）纯直线形式　　　　　　　　　（b）直线与弧线结合

图 3.5　绘制多段线

3.1.3　射线与构造线绘制

3.1.3.1　绘制射线

射线指沿着一个方向无限延伸的直线，是主要用来定位的辅助绘图线。射线具有一个确定的起点并单向无限延伸。其 AutoCAD 功能命令为 RAY，直接在屏幕上使用鼠标选取。

启动 RAY 命令可以通过以下两种方式。

■ 打开【绘图】下拉菜单选择【射线】命令选项。

■ 在"命令:"命令行提示下直接输入 RAY 命令（不能使用"射线"作为命令输入）。

AutoCAD 绘制一条射线并继续提示输入通过点以便创建多条射线。起点和通过点定义了射线延伸的方向，射线在此方向上延伸到显示区域的边界。按 Enter 键结束命令。下面以在"命令:"行直接输入 RAY 命令为例，说明射线的绘制方法，如图 3.6 所示。

命令：RAY（输入绘射线命令）

指定起点：8，95（指定射线起点 A 的位置）

指定通过点：62，139（指定射线所通过点的位置 B）

指定通过点：112，121（指定射线所通过点的位置 C）

……

指定通过点：（回车）

3.1.3.2 绘制构造线

构造线指两端方向是无限长的直线，是主要用来定位的辅助绘图线，即用来定位对齐边角点的辅助绘图线。其 AutoCAD 功能命令为 XLINE（简写形式为 XL），可直接在屏幕上使用鼠标选取。

启动 XLINE 命令可以通过以下三种方式。

■ 打开【绘图】下拉菜单选择【构造线】命令选项。

■ 单击"绘图"工具栏上的"构造线"命令图标。

■ 在"命令:"命令行提示下直接输入 XLINE 或 XL 命令（不能使用"构造线"作为命令输入）。

使用两个通过点指定构造线（无限长线）的位置。下面以在"命令:"行直接输入 XLINE 命令为例，说明构造线的绘制方法，如图 3.7 所示。

命令：XLINE（绘制构造线）

指定点或 [水平（H）/垂直（V）/角度（A）/二等分（B）/偏移（O）]：8，95（指定构造直线起点 A 位置）

指定通过点：62，139（指定构造直线通过点位置 B）

指定通过点:112，121（指定下一条构造直线通过点位置 C）

指定通过点：（指定下一条构造直线通过点位置）

……

指定通过点：

指定通过点：（回车）

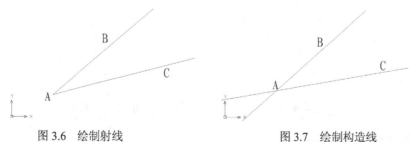

图 3.6　绘制射线　　　　　图 3.7　绘制构造线

3.1.4　圆弧线与椭圆弧线绘制

3.1.4.1　绘制圆弧线

圆弧线可以通过输入端点坐标进行绘制，也可以直接在屏幕上使用鼠标选取。其

AutoCAD 功能命令为 ARC（简写形式为 A）。在进行绘制时，如果未指定点就按 Enter 键，AutoCAD 将把最后绘制的直线或圆弧的端点作为起点，并立即提示指定新圆弧的端点。这将创建一条与最后绘制的直线、圆弧或多段线相切的圆弧。

启动 ARC 命令可以通过以下三种方式。

- 打开【绘图】下拉菜单选择【圆弧】命令选项。
- 单击"绘图"工具栏上的"圆弧"命令图标。
- 在"命令:"命令行提示下直接输入 ARC 或 A 命令（不能使用"圆弧"作为命令输入）。

下面以在"命令:"行直接输入 ARC 命令为例，说明弧线的绘制方法，如图 3.8 所示。

命令：ARC（绘制弧线）

指定圆弧的起点或 [圆心（C）]：20，102（指定起始点位置 A）

指定圆弧的第二个点或 [圆心（C）/端点（E）]：61，139（指定中间点位置 B）

指定圆弧的端点：113，122（指定起终点位置 C）

3.1.4.2　绘制椭圆弧线

椭圆弧线的 AutoCAD 功能命令为 ELLIPSE（简写形式为 EL），与椭圆是一致的，只是在执行 ELLIPSE 命令后再输入 A 进行椭圆弧线绘制。一般根据两个端点定义椭圆弧的第一条轴，第一条轴的角度确定了整个椭圆的角度。第一条轴既可定义椭圆的长轴也可定义短轴。

启动 ELLIPSE 命令可以通过以下三种方式。

- 打开【绘图】下拉菜单选择【椭圆】命令选项，再执行【圆弧】子命令选项。
- 单击"绘图"工具栏上的"椭圆弧"命令图标。
- 在"命令:"命令行提示下直接输入 ELLIPSE 或 EL 命令后再输入 A（不能使用"椭圆弧"作为命令输入）。

下面以在"命令:"行直接输入 ELLIPSE 命令为例，说明椭圆弧线的绘制方法，如图 3.9 所示。

命令：ELLIPSE（绘制椭圆弧线）

指定椭圆的轴端点或 [圆弧（A）/中心点（C）]：A（输入 A 绘制椭圆弧线）

指定椭圆弧的轴端点或 [中心点（C）]：（指定椭圆轴线端点 A）

指定轴的另一个端点：（指定另外一个椭圆轴线端点 B）

指定另一条半轴长度或 [旋转（R）]：（指定与另外一个椭圆轴线距离 OC）

指定起始角度或 [参数（P）]：（指定起始角度位置 D）

指定终止角度或 [参数（P）/包含角度（I）]：（指定终点角度位置 E）

图 3.8　绘制圆弧线　　　　　图 3.9　绘制椭圆弧线

3.1.5　样条曲线与多线绘制

3.1.5.1　绘制样条曲线

样条曲线是一种拟合不同位置点的曲线，其 AutoCAD 功能命令为 SPLINE（简写形式为 SPL）。样条曲线与使用 ARC 命令连续绘制的多段曲线图形不同，样条曲线是一体的，且曲线光滑流畅，而使用 ARC 命令连续绘制的多段曲线图形则是由几段组成的。SPLINE 在指定的允差范围内把光滑的曲线拟合成一系列的点。AutoCAD 使用 NURBS（非均匀有理 B 样条曲线）数学方法，其中存储和定义了一类曲线和曲面数据。

启动 SPLINE 命令可以通过以下三种方式。

- 打开【绘图】下拉菜单选择【样条曲线】命令选项。
- 单击"绘图"工具栏上的"样条曲线"命令图标。
- 在"命令:"命令行提示下直接输入 SPLINE 或 SPL 命令（不能使用"样条曲线"作为命令输入）。

下面以在"命令:"行直接输入 SPLINE 命令为例，说明样条曲线的绘制方法，如图 3.10 所示。

命令：SPLINE（输入绘制样条曲线命令）

当前设置：方式=拟合　节点=弦

指定第一个点或 [方式(M)/节点(K)/对象(O)]：（指定样条曲线的第一点 A 或选择对象进行样条曲线转换）

输入下一个点或 [起点切向(T)/公差(L)]：（指定下一点 C 位置或选择备选项）

输入下一个点或 [端点相切(T)/公差(L)/放弃(U)/闭合(C)]：（指定下一点 D 位置或选择备选项）

……

输入下一个点或 [端点相切(T)/公差(L)/放弃(U)/闭合(C)]：（指定下一点 O 位置或选择备选项）

输入下一个点或 [端点相切(T)/公差(L)/放弃(U)/闭合(C)]：（回车）

指定切向：（回车）

3.1.5.2　绘制多线

多线也称多重平行线，指由两条相互平行的直线构成的线型。其 AutoCAD 绘制命令为 MLINE（简写形式为 ML）。其中的比例因子参数 SCALE 是控制多线的全局宽度（这个比例不影响线型比例），该比例基于在多线样式定义中建立的宽度。比例因子为 2 绘制多线时，其宽度是样式定义的宽度的两倍。负比例因子将翻转偏移线的次序，即当从左至右绘制多线时，偏移最小的多线绘制在顶部。负比例因子的绝对值也会影响比例。比例因子为 0 将使多线变为单一的直线。

图 3.10　绘制样条曲线

启动 MLINE 命令可以通过以下三种方式。

- 打开【绘图】下拉菜单选择【多线】命令选项。
- 单击"绘图"工具栏上的"多线"命令图标。
- 在"命令:"命令行提示下直接输入 MLINE 或 ML 命令（不能使用"多线"作为命令输入）。

打开"绘图"下拉菜单，选择"多线样式"选项。在弹出的对话框中就可以新建多线形式、修改名称、设置特性和加载新的多行线的样式等，如图 3.11 所示。

图 3.11　设置多线

下面以在"命令:"行直接输入 MLINE 命令为例，说明多线的绘制方法，如图 3.12 所示。

命令：MLINE（绘制多线）

当前设置：对正 = 上，比例 = 20.00，样式 = STANDARD

指定起点或 [对正（J）/比例（S）/样式（ST）]：S（输入 S 设置多线宽度）

输入多线比例 <20.00>：120（输入多线宽度）

当前设置：对正 = 上，比例 = 120.00，样式 = STANDARD

指定起点或 [对正（J）/比例（S）/样式（ST）]：（指定多线起点位置）

指定下一点：（指定多线下一点位置）

指定下一点或 [放弃（U）]：（指定多线下一点位置）

指定下一点或 [闭合（C）/放弃（U）]：（指定多线下一点位置）

指定下一点或 [闭合（C）/放弃（U）]：（指定多线下一点位置）

指定下一点或 [闭合（C）/放弃（U）]：（指定多线下一点位置）

……

图 3.12　绘制多线

指定下一点或 [闭合（C）/放弃（U）]：C（回车）

3.1.6　云线（云彩线）绘制

云线（云彩线）是指由连续圆弧组成的线条造型。云线的 AutoCAD 命令是 REVCLOUD，REVCLOUD 在系统注册表中存储上一次使用的圆弧长度，当程序和使用不同比例因子的图形一起使用时，用 DIMSCALE 乘以此值以保持统一。

启动 REVCLOUD 命令可以通过以下三种方式。

■ 打开【绘图】下拉菜单选择【修订云线】命令选项。

■ 单击"绘图"工具栏上的"修订云线"命令图标。

■ 在"命令:"行直接输入 REVCLOUD 命令。

其绘制方法如下所述，如图 3.13 所示。

命令：REVCLOUD（绘制云线，此命令提示方式为 AutoCAD 2014 以下版本）

最小弧长：15　最大弧长：15　样式：普通

指定起点或 [弧长（A）/对象（O）] <对象>：A（输入 A 设置云线的大小）

指定最小弧长 <15>：10（输入云线最小弧段长度）

指定最大弧长 <10>：18（输入云线最大弧段长度）

指定起点或 [对象（O）] <对象>：（指定云线起点位置）

沿云线路径引导十字光标…（拖动鼠标进行云线绘制）

反转方向 [是(Y)/否(N)] <否>：N

修订云线完成（回车完成绘制）

命令：REVCLOUD（绘制云线，此命令提示方式为 AutoCAD　　　　图 3.13　绘制云线

2014 以上版本）

最小弧长：0.5　最大弧长：0.5　样式：普通　类型：矩形

指定第一个角点或 [弧长（A）/对象（O）/矩形（R）/多边形（P）/徒手画（F）/样式（S）/修改（M）] <对象>：_F

最小弧长：0.5　最大弧长：0.5　样式：普通　类型：徒手画

指定第一个点或 [弧长(A)/对象(O)/矩形(R)/多边形(P)/徒手画(F)/样式(S)/修改(M)] <对象>：A

指定最小弧长 <0.5>：150

指定最大弧长 <150>：450（最大弧长不能超过最小弧长的三倍）

指定第一个点或 [弧长(A)/对象(O)/矩形(R)/多边形(P)/徒手画(F)/样式(S)/修改(M)] <对象>：

沿云线路径引导十字光标...

修订云线完成。

3.1.7　其他特殊线绘制

AutoCAD 提供了绘制具有宽度的线条的功能，可以绘制等宽度和不等宽度的线条。

3.1.7.1　等宽度的线条

绘制等宽度的线条，可以使用 PLINE、TRACE 命令来实现，具体绘制方法如下所述。

（1）使用 PLINE 命令绘制等宽度的线条，如图 3.14（a）所示。

命令：PLINE（使用 PLINE 命令绘制等宽度的线条）

指定起点：（指定等宽度的线条起点 A）

当前线宽为 0.0000

指定下一个点或 [圆弧(A)/半宽(H)/长度(L)/放弃(U)/宽度(W)]：W（输入 W 设置线条宽度）

指定起点宽度 <0.0000>：15（输入起点宽度）

指定端点宽度 <15.0000>：15（输入端点宽度）

指定下一个点或 [圆弧(A)/半宽(H)/长度(L)/放弃(U)/宽度(W)]：（依次输入多段线端点坐标或直接在屏幕上使用鼠标选取 B）

指定下一点或 [圆弧(A)/闭合(C)/半宽(H)/长度(L)/放弃(U)/宽度(W)]：（指定下一点位置 C）

指定下一点或 [圆弧(A)/闭合(C)/半宽(H)/长度(L)/放弃(U)/宽度(W)]：（指定下一点位置 D）

……

指定下一点或 [圆弧(A)/闭合(C)/半宽(H)/长度(L)/放弃(U)/宽度(W)]：（指定下一点位置）

指定下一点或 [圆弧(A)/闭合(C)/半宽(H)/长度(L)/放弃(U)/宽度(W)]：（回车结束操作）

（a）使用 PLINE 命令绘制等宽度线条　　（b）使用 TRACE 命令绘制等宽度线

图 3.14　绘制等宽度线条

（2）使用 TRACE 命令绘制等宽度线条，如图 3.14（b）所示。使用 TRACE 命令时，只有下一个线段的终点位置确定后，上一段的线段才在屏幕上显示出来。宽线的端点在宽线的中心线上，而且总是被剪切成矩形。TRACE 自动计算连接到邻近线段的合适倒角。AutoCAD 直到指定下一线段或按 Enter 键之后才画出每条线段。考虑到倒角的处理方式，TRACE 没有放弃选项。如果"填充"模式打开，则宽线是实心的。如果"填充"模式关闭，则只显示宽线的轮廓。

命令：TRACE（使用 TRACE 绘制等宽度的线条）

指定宽线宽度 <1.2000>：8

指定起点：（指定起点位置 A）

指定下一点：（指定下一点位置 B）

指定下一点：（指定下一点位置 C）

……

指定下一点：（回车）

3.1.7.2　不等宽度的线条

绘制不等宽度的线条，可以使用 PLINE 命令来实现，具体绘制方法如下所述，其他不等宽线条按相同方法绘制，如图 3.15 所示。

命令：PLINE（使用 PLINE 命令绘制不等宽度的线条）

指定起点：（指定等宽度的线条起点 A）

当前线宽为 0.0000

指定下一个点或 [圆弧（A）/半宽（H）/长度（L）/放弃（U）/宽度（W）]：W（输入 W 设置线条宽度）

指定起点宽度 <0.0000>：15（输入起点宽度）

指定端点宽度 <15.0000>：3（输入线条宽度与前面不一致）

指定下一个点或 [圆弧（A）/半宽（H）/长度（L）/放弃（U）/宽度（W）]：（依次输入多段线端点坐标或直接在屏幕上使用鼠标选取 B）

指定下一点或 [圆弧（A）/闭合（C）/半宽（H）/长度（L）/放弃（U）/宽度（W）]：W（输入 W 设置线条宽度）

指定起点宽度 <3.0000>：5（输入起点宽度）

指定端点宽度 <5.0000>：1（输入线条宽度与前面不一致）

指定下一点或 [圆弧（A）/闭合（C）/半宽（H）/长度（L）/放弃（U）/宽度（W）]：（指定下一点位置 C）

……

指定下一点或 [圆弧（A）/闭合（C）/半宽（H）/长度（L）/放弃（U）/宽度（W）]：（指定下一点位置）

指定下一点或 [圆弧（A）/闭合（C）/半宽（H）/长度（L）/放弃（U）/宽度（W）]：（回车结束操作）

（a）绘制不等宽度线条 ABC　　　　　　　　　　　（b）其他形式

图 3.15　绘制不等宽度线条

3.1.7.3 带箭头的注释引线线条

绘制带箭头的注释引线线条，可以使用 LEADER 命令快速实现，具体绘制方法如下，如图 3.16 所示。

（1）直线引线绘制，见图 3.16（a）。

命令：LEADER

指定引线起点：

指定下一点：

指定下一点或 [注释(A)/格式(F)/放弃(U)] <注释>：（回车）

指定下一点或 [注释(A)/格式(F)/放弃(U)] <注释>：（回车）

输入注释文字的第一行或 <选项>：（回车）

输入注释选项 [公差(T)/副本(C)/块(B)/无(N)/多行文字(M)] <多行文字>：（回车输入文字内容"ABC"）

（2）曲线引线绘制，见图 3.16（b）。

命令：LEADER

指定引线起点：

指定下一点：

指定下一点或 [注释(A)/格式(F)/放弃(U)] <注释>：F（输入 F）

输入引线格式选项 [样条曲线(S)/直线(ST)/箭头(A)/无(N)] <退出>：S（输入 S）

指定下一点或 [注释(A)/格式(F)/放弃(U)] <注释>：（回车）

输入注释文字的第一行或 <选项>：（回车）

输入注释选项 [公差(T)/副本(C)/块(B)/无(N)/多行文字(M)] <多行文字>：（回车输入文字内容"ABC"）

(a) 直线引线   (b) 曲线引线

图 3.16 带箭头的注释引线线条绘制

3.2 常见平面图形 CAD 快速绘制

AutoCAD 提供了一些可以直接绘制得到的基本的平面图形，包括圆形、矩形、椭圆形和正多边形等基本图形。

3.2.1 圆形和椭圆形绘制

3.2.1.1 绘制圆形

常常使用到的 AutoCAD 基本图形是圆形，其 AutoCAD 绘制命令是 CIRCLE（简写形式为 C）。启动 CIRCLE 命令可以通过以下三种方式。

- 打开【绘图】下拉菜单选择【圆形】命令选项。
- 单击"绘图"工具栏上的"圆形"命令图标。
- 在命令行提示下直接输入 CIRCLE 或 C 命令。

可以通过中心点或圆周上三点中的一点创建圆，还可以选择与圆相切的对象。下面以在"命令:"行直接输入 CIRCLE 命令为例，说明圆形的绘制方法，如图 3.17 所示。

命令：CIRCLE（绘制圆形）
指定圆的圆心或 [三点（3P）/两点（2P）/相切、相切、半径（T）]：（指定圆心点位置 O）
指定圆的半径或 [直径（D）] <20.000>：50（输入圆形半径或在屏幕上直接选取）

3.2.1.2 绘制椭圆形

椭圆形的 AutoCAD 绘制命令与椭圆曲线是一致的，均是 ELLIPSE（简写形式为 EL）命令。

启动 ELLIPSE 命令可以通过以下三种方式。

- 打开【绘图】下拉菜单选择【椭圆形】命令选项。
- 单击"绘图"工具栏上的"椭圆形"命令图标。
- 在"命令:"命令行提示下直接输入 ELLIPSE 或 EL 命令。

下面以在"命令:"行直接输入 ELLIPSE 命令为例，说明椭圆形的绘制方法，如图 3.18 所示。

命令：ELLIPSE（绘制椭圆形）
指定椭圆的轴端点或 [圆弧（A）/中心点（C）]：（指定一个椭圆形轴线端点 A）
指定轴的另一个端点：（指定该椭圆形轴线另外一个端点 B）
指定另一条半轴长度或 [旋转（R）]：（指定与另外一个椭圆轴线长度距离 OC）

图 3.17　绘制圆形　　　　　　　　　　图 3.18　绘制椭圆形

3.2.2　矩形和正方形绘制

3.2.2.1 绘制矩形

矩形是最为常见的基本图形，其 AutoCAD 绘制命令是 RECTANG 或 RECTANGLE（简写形式为 REC）。当使用指定的点作为对角点创建矩形时，矩形的边与当前 UCS 的 X 或 Y 轴平行。

启动 RECTANG 命令可以通过以下三种方式。

- 打开【绘图】下拉菜单选择【矩形】命令选项。
- 单击"绘图"工具栏上的"矩形"命令图标。
- 在"命令:"命令行提示下直接输入 RECTANG 或 REC 命令。

使用长和宽创建矩形时，第二个指定点将矩形定位在与第一角点相关的 4 个位置之一内。下面以在"命令:"行直接输入 RECTANG 命令为例，说明矩形的绘制方法，如图 3.19 所示。

命令：RECTANG（绘制矩形）

指定第一个角点或 [倒角(C)/标高(E)/圆角(F)/厚度(T)/宽度(W)]：

指定另一个角点或 [面积(A)/尺寸(D)/旋转(R)]：D（输入 D 指定尺寸）

指定矩形的长度 <0.0000>：1000（输入矩形的长度）

指定矩形的宽度 <0.0000>：1500（输入矩形的宽度）

指定另一个角点或 [面积(A)/尺寸(D)/旋转(R)]：（移动光标以显示矩形可能的 4 个位置之一并单击需要的一个位置）

3.2.2.2 绘制正方形

绘制正方形可以使用 AutoCAD 的绘制正多边形命令 POLYGON 或绘制矩形命令绘制 RECTANG。启动命令可以通过以下三种方式。

- 打开【绘图】下拉菜单选择【正多边形】或【矩形】命令选项。
- 单击"绘图"工具栏上的"正多边形"或"矩形"命令图标。
- 在"命令:"命令行提示下直接输入 POLYGON 或 RECTANG 命令。

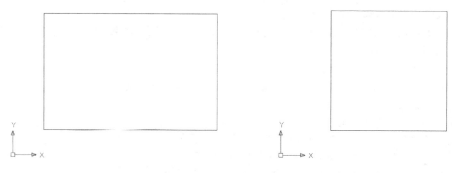

图 3.19　绘制矩形　　　　　　　　　图 3.20　绘制正方形

下面以在"命令:"行直接输入 POLYGON 或 RECTANG 命令为例，说明等边多边形的绘制方法，如图 3.20 所示。

命令：RECTANG（绘制正方形）

指定第一个角点或 [倒角(C)/标高(E)/圆角(F)/厚度(T)/宽度(W)]：

指定另一个角点或 [面积(A)/尺寸(D)/旋转(R)]：D（输入 D 指定尺寸）

指定矩形的长度 <0.0000>：1000（输入正方形的长度）

指定矩形的宽度 <0.0000>：1000（输入正方形的宽度）

指定另一个角点或 [面积(A)/尺寸(D)/旋转(R)]：（移动光标以显示矩形可能的 4 个位置之一并单击需要的一个位置）

命令：POLYGON（绘制正方形）

输入边的数目 <4>：4（输入正方形边数）

指定正多边形的中心点或 [边(E)]：E（输入 E 绘制正方形）

指定边的第一个端点：（在屏幕上指定边的第一个端点位置）

指定边的第二个端点：50（输入正方形边长长度，若输入 "-50"，是负值其位置相反）

3.2.3　圆环和螺旋线绘制

3.2.3.1　绘制圆环

圆环是由宽弧线段组成的闭合多段线构成的。圆环是具有内径和外径的图形，可以认为是圆形的一种特例，如果指定内径为零，则圆环成为填充圆，其AutoCAD功能命令是DONUT。圆环内的填充图案取决于 FILL 命令的当前设置。

启动命令可以通过以下两种方式。

- 打开【绘图】下拉菜单选择【圆环】命令选项。
- 在"命令："命令行提示下直接输入DONUT命令。

AutoCAD 根据中心点来设置圆环的位置。指定内径和外径之后，AutoCAD 提示用户输入绘制圆环的位置。下面以在"命令："行直接输入 DONUT 命令为例，说明等圆环的绘制方法，如图 3.21 所示。

命令：DONUT（绘制圆环）
指定圆环的内径 <0.5000>：20（输入圆环内半径）
指定圆环的外径 <1.0000>：50（输入圆环外半径）
指定圆环的中心点或 <退出>：（在屏幕上选取圆环的中心点位置O）
指定圆环的中心点或 <退出>：（指定下一个圆环的中心点位置）
……
指定圆环的中心点或 <退出>：（回车）

若将先将填充（FILL）命令关闭，再绘制圆环，则圆环以线框显示，如图 3.22 所示。

（1）关闭填充命令。

命令：FILL（填充控制命令）

输入模式 [开（ON）／ 关（OFF）] <开>：OFF（输入 OFF 关闭填充）

（2）绘制圆环。

命令：DONUT（绘制圆环）
指定圆环的内径 <10.5000>：50（输入圆环内半径）
指定圆环的外径 <15.0000>：150（输入圆环外半径）
指定圆环的中心点或 <退出>：（在屏幕上选取圆环的中心点位置O）
指定圆环的中心点或 <退出>：（指定下一个圆环的中心点位置）
……
指定圆环的中心点或 <退出>：（回车）

 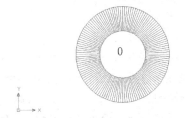

图 3.21　绘制圆环　　　　　　　图 3.22　圆环以线框显示

3.2.3.2　绘制螺旋

螺旋就是开口的二维或三维螺旋（可以通过 SWEEP 命令将螺旋用作路径。例如，可以沿着螺旋路径来扫掠圆，以创建弹簧实体模型，在此略，如图 3.23 所示）。其 AutoCAD 功能命令是 HELIX。螺旋是真实螺旋的样条曲线近似，长度值可能不十分准确。

如果指定一个值来同时作为底面半径和顶面半径，将创建圆柱形螺旋。默认情况下，为顶面半径和底面半径设置的值相同。不能指定 0 来同时作为底面半径和顶面半径。如果指定不同的值来作为顶面半径和底面半径，将创建圆锥形螺旋。如果指定的高度值为 0，则将创建扁平的二维螺旋。

启动螺旋命令可以通过以下两种方式。

- 打开【绘图】下拉菜单选择【螺旋】命令选项。

建筑施工 CAD 基本图形绘制方法 | 第3章

■ 在"命令:"命令行提示下直接输入 HELIX 命令。

下面以在"命令:"行直接输入 HELIX 命令为例，说明二维螺旋的绘制方法，如图 3.24 所示。

命令：HELIX（绘制二维螺旋）

圈数 = 3.0000　　扭曲=CCW

指定底面的中心点：

指定底面半径或 [直径(D)] <14.3880>: 15

指定顶面半径或 [直径(D)] <15.0000>: 50

指定螺旋高度或 [轴端点(A)/圈数(T)/圈高(H)/扭曲(W)] <40.2430>: T（输入 T 设置螺旋圈数）

输入圈数 <3.0000>: 6

指定螺旋高度或 [轴端点(A)/圈数(T)/圈高(H)/扭曲(W)] <40.2430>: H（输入 H 指定的高度值）

指定圈间距 <13.4143>: 0（指定的高度值为 0，则将创建扁平的二维螺旋）

图 3.23　二、三维螺旋对比　　　　　　　图 3.24　绘制二维螺旋

3.2.4　正多边形绘制和创建区域覆盖

3.2.4.1　绘制正多边形

正多边形也称为等边多边形，其 AutoCAD 绘制命令是 POLYGON，可以绘制包括正方形、等六边形等图形。当正多边形边数无限大时，其形状逼近圆形。正多边形是一种多段线对象，AutoCAD 以零宽度绘制多段线，并且没有切线信息。可以使用 PEDIT 命令修改这些值。

启动命令可以通过以下三种方式。

■ 打开【绘图】下拉菜单选择【正多边形】命令选项。

■ 单击"绘图"工具栏上的"正多边形"命令图标。

■ 在"命令:"命令行提示下直接输入 POLYGON 命令。

下面以在"命令:"行直接输入 POLYGON 命令为例，说明等边多边形的绘制方法。

（1）以内接圆确定等边多边形，如图 3.25 所示。内接于圆是指定外接圆的半径，正多边形的所有顶点都在此圆周上。

命令：POLYGON （绘制等边多边形）

输入边的数目 <4>: 6（输入等边多边形的边数）

指定正多边形的中心点或 [边（E）]：（指定等边多边形中心点位置O）

输入选项 [内接于圆（I）/外切于圆（C）] <I>: I（输入 I 以内接圆确定等边多边形）

指定圆的半径：50（指定内接圆半径）

（2）以外切圆确定等边多边形，如图 3.26 所示。外切于圆是指定从正多边形中心点到各边中点的距离。

命令：POLYGON（绘制等边多边形）

输入边的数目 <4>：6（输入等边多边形的边数）

指定正多边形的中心点或 [边（E）]：（指定等边多边形中心点位置O）

输入选项 [内接于圆（I）/外切于圆（C）] <I>:C（输入C以外切圆确定等边多边形）

指定圆的半径：50（指定外切圆半径）

图 3.25　使用内接圆确定　　　　　　　　图 3.26　使用外切圆确定

3.2.4.2　创建区域覆盖图形

　　使用区域覆盖对象可以在现有对象上生成一个空白区域，并控制是否将区域覆盖框架显示在图形中。区域覆盖对象是一块多边形区域，它可以使用当前背景色屏蔽底层的对象。此区域以区域覆盖线框为边框，可以打开此区域进行编辑，也可以关闭此区域进行打印。通过使用一系列点来指定多边形的区域可以创建区域覆盖对象，也可以将闭合多段线转换成区域覆盖对象，如图 3.27 所示。

　　创建多边形区域的 AutoCAD 命令是 WIPEOUT。启动命令可以通过以下两种方式，其绘制方法如下所述，如图 3.28 所示。

- 打开【绘图】下拉菜单选择【区域覆盖】命令选项。
- 在命令行下直接输入 WIPEOUT 命令。

命令：WIPEOUT（创建多边形区域）

指定第一点或 [边框(F)/多段线(P)] <多段线>：（指定多边形区域的起点A位置）

指定下一点：（指定多边形区域下一点B位置）

指定下一点或 [放弃(U)]：（指定多边形区域下一点C位置）

指定下一点或 [闭合(C)/放弃(U)]：（指定多边形区域下一点D位置）

......

指定下一点或 [闭合(C)/放弃(U)]：（回车结束）

图 3.27　区域覆盖效果　　　　　　　　　　图 3.28　绘制区域覆盖

3.3　常见 CAD 表格图形快速绘制

　　CAD 提供了多种方法绘制表格，一般可以通过如下两种方法完成表格绘制。

3.3.1 使用表格功能命令绘制表格

启动表格功能命令可以通过以下三种方式。

- 打开【绘图】下拉菜单选择【表格】命令选项。
- 单击"绘图"工具栏上的"表格"命令图标。
- 在"命令:"命令行提示下直接输入 TABLE 命令。

下面以在"命令:"行直接输入 TABLE 命令为例,说明表格的绘制方法。

执行 TABLE 功能命令后,弹出"插入表格"对话框,设置相关的数值,包括表格的列数、列宽、行数、行高、单元样式等各种参数。单击"确定"后要求在屏幕上指定表格位置,单击位置后要求输入表格标题栏文字内容,然后单击"确定"得到表格。单击表格中任意单元格,该单元格显示黄色,可以输入文字内容,如图 3.29 所示。

(a) 创建表格线

(b) 标注文字

图 3.29 绘制表格

在"插入表格"对话框中,可以单击表格启动"表格样式"对话框,在弹出的"修改表格样式"对话框中对表格进行修改,如图 3.30 所示。

图 3.30 修改表格样式

3.3.2 使用组合功能命令绘制表格

利用组合功能命令绘制表格的方法是使用 LINE（或 PLINE）、OFFSET、TRIM 及 MOVE、TEXT、MTEXT、SCALE 等 CAD 功能命令进行绘制（注：其中文字标注 MTEXT 等编辑命令的使用方法参见后面章节介绍）。

（1）先使用 LINE 命令绘制水平和竖直方向的表格定位线，再按表格宽度、高度要求使用 OFFSET 命令进行偏移，如图 3.31 所示。

- 命令: LINE

  指定第一点:

  指定下一点或 [放弃(U)]: <正交 开>

  指定下一点或 [放弃(U)]:

- 命令: OFFSET

  当前设置：删除源=否　图层=源　OFFSETGAPTYPE=0

  指定偏移距离或 [通过(T)/删除(E)/图层(L)] <通过>: 150

  选择要偏移的对象，或 [退出(E)/放弃(U)] <退出>:

  指定要偏移的那一侧上的点，或 [退出(E)/多个(M)/放弃(U)] <退出>:

  选择要偏移的对象，或 [退出(E)/放弃(U)] <退出>:

  指定要偏移的那一侧上的点，或 [退出(E)/多个(M)/放弃(U)] <退出>:

  选择要偏移的对象，或 [退出(E)/放弃(U)] <退出>:

图 3.31　标注表格线条

（2）使用 MTEXT 功能命令标注文字内容即可。位置可以使用 MOVE 功能命令调整，如图 3.32 所示。

- 命令: MTEXT

  当前文字样式："Standard" 文字高度: 2.5 注释性: 否

  指定第一角点:

  指定对角点或 [高度(H)/对正(J)/行距(L)/旋转(R)/样式(S)/宽度(W)/栏(C)]:

- 命令: MOVE

  选择对象: 找到 1 个

  选择对象:

  指定基点或 [位移(D)] <位移>:

  指定第二个点或 <使用第一个点作为位移>:

图 3.32　标注文字内容

3.4　复杂 CAD 平面图形绘制

　　复合平面图形是指不能直接使用 AutoCAD 提供的基本命令一次生成，但可以通过使用多个命令得到的组合图形。如图 3.33 所示的复合平面图形，由等多边形、圆形和弧线等构成。下面以此图为例介绍复合平面图形的绘制方法。其他类型的复合图形，同样可以按此方法进行绘制（注：其中使用到的部分编辑修改命令，在后面章节将详细讲述）。

　　（1）使用 CIRCLE 绘制两个小同心圆，如图 3.34 所示。

　　● 命令：CIRCLE（绘制一个小圆形）

　　指定圆的圆心或 [三点（3P）/两点（2P）/相切、相切、半径（T）]：（指定圆心点位置）

　　指定圆的半径或 [直径（D）] <0.000>：250（输入圆形半径或在屏幕上直接选取）

　　● 命令：OFFSET（偏移得到同心圆）

　　当前设置：删除源=否　图层=源　OFFSETGAPTYPE=0

　　指定偏移距离或 [通过（T）/删除（E）/图层（L）] <0.0000>：　50

　　选择要偏移的对象，或 [退出（E）/放弃（U）] <退出>：（回车）

　　指定要偏移的那一侧上的点，或 [退出（E）/多个（M）/放弃（U）] <退出>：（指定要偏移的那一侧上的点）

　　选择要偏移的对象，或 [退出（E）/放弃（U）] <退出>：（回车）

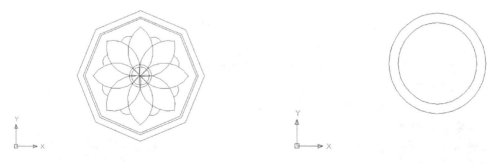

图 3.33　复合平面图形　　　　　　　　图 3.34　绘制两个同心圆

　　（2）使用 POLYGON 命令建立三个等八边形，其中心点位于圆心位置，如图 3.35 所示。

　　● 命令：POLYGON （绘制等边多边形）

　　输入边的数目 <4>：8（输入等边多边形的边数）

指定正多边形的中心点或 [边（E）]：（指定等边多边形中心点位置）

输入选项 [内接于圆（I）/外切于圆（C）] <I>：I（输入I以内接圆确定等边多边形）

指定圆的半径：1500（指定内接圆半径）

● 命令: OFFSET（偏移得到同心等八边形）

当前设置：删除源=否　图层=源　OFFSETGAPTYPE=0

指定偏移距离或 [通过(T)/删除(E)/图层(L)] <0.0000>：50

选择要偏移的对象，或 [退出(E)/放弃(U)] <退出>：（回车）

指定要偏移的那一侧上的点，或 [退出(E)/多个(M)/放弃(U)] <退出>：（指定要偏移的那一侧上的点）

选择要偏移的对象，或 [退出(E)/放弃(U)] <退出>：（回车）

（3）绘制两条弧线构成一个梭形状，如图3.36所示。

● 命令: ARC（绘制弧线）

指定圆弧的起点或 [圆心（C）]：（指定起始点位置）

指定圆弧的第二个点或 [圆心（C）/端点（E）]：（指定中间点位置）

指定圆弧的端点：（指定起终点位置）

● 命令:MIRROR（生成对成弧线）

找到 1 个（选择弧线）

指定镜像线的第一点：

指定镜像线的第二点：

要删除源对象吗？[是(Y)/否(N)] <N>:N（输入N）

图3.35　建立三个等八边形　　　　　　　图3.36　绘制两条弧线

（4）利用阵列（ARRAY）功能，将梭形弧线造型进行环形阵列（使用 ARRAYPOLAR 功能命令），生成全部梭形图形，如图3.37所示。

命令:ARRAY（阵列图形，在对话框中设置有关阵列参数）

命令: ARRAYPOLAR

选择对象：指定对角点：找到 2 个

选择对象：（回车）

类型 = 极轴　关联 = 是

指定阵列的中心点或 [基点(B)/旋转轴(A)]:

输入项目数或 [项目间角度(A)/表达式(E)] <4>:8

指定填充角度(+=逆时针，−=顺时针)或 [表达式(EX)] <360>:360

按 Enter 键接受或 [关联(AS)/基点(B)/项目(I)/项目间角度(A)/填充角度(F)/行(ROW)/层(L)/旋转项目(ROT)/退出(X)]<退出>:（回车）

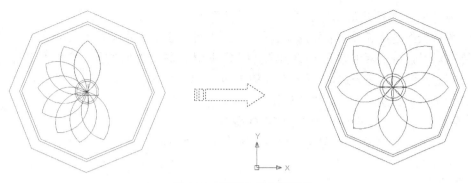

图 3.37　阵列生成全部梭形

（5）按上述相同方法，使用 ARC、TRIM、MOVE、ARRAY 等命令，绘制梭形夹角处的弧线，如图 3.38 所示。最后即可完成该复合平面图形绘制。

图 3.38　绘制夹角处弧线完成图形

3.5　AutoCAD 2017 特有的绘图功能

（1）定距等分。

定距等分是指沿对象长度或周长按指定间隔创建点对象或块。其 AutoCAD 命令是 MEASURE。启动命令可以通过以下两种方式，其绘制方法如下所述。打开"绘图"下拉菜单选择"定距等分"命令选项。

■ 在"命令:"行直接输入 MEASURE 命令。

■ 单击"默认"菜单下的绘图栏倒三角▼，选择"定距等分"即可。

命令: MEASURE

选择要定距等分的对象:

指定线段长度或 [块(B)]: 7.85

可以使用 DDPTYPE 命令设置点的样式及大小，从而更为直观观察等分效果，如图 3.39 所示。

图 3.39　定距等分

（2）修订云线(包括矩形修订云线、多边形修订云线、徒手画修订云线)。

矩形修订云线是指通过绘制矩形创建修订云线图形。其 AutoCAD 命令是 REVCLOUD。启动命令可以通过以下两种方式，其绘制方法如下所述，如图 3.40 所示。打开"绘图"下拉菜单选择"定距等分"命令选项。执行 REVCLOUD 命令后按提示选项输入相应的命令，即可进行多边形修订云线、徒手画修订云线。

■ 在"命令:"行直接输入 REVCLOUD 命令。

■ 点击"默认"菜单下的绘图栏倒三角▼，选择"矩形修订云线"即可。

命令：REVCLOUD

最小弧长：1.0000　　最大弧长：1.0000　　样式：普通　　类型：矩形

指定第一个角点或 [弧长(A)/对象(O)/矩形(R)/多边形(P)/徒手画(F)/样式(S)/修改(M)]

<对象>：P

最小弧长：1.0000　　最大弧长：1.0000　　样式：普通　　类型：多边形

指定起点或[弧长(A)/对象(O)/矩形(R)/多边形(P)/徒手画(F)/样式(S)/修改(M)] <对象>：

指定下一点：

指定下一点或 [放弃(U)]：

指定下一点或 [放弃(U)]：

指定下一点或 [放弃(U)]：

指定下一点或 [放弃(U)]：

指定下一点或 [放弃(U)]：

命令：指定对角点或 [栏选(F)/圈围(WP)/圈交(CP)]：

（a）矩形　　　　　　　　　　（b）多边形　　　　　　　　　　（c）徒手画

图 3.40　修订云线

此功能除直接绘制修订云线外，还可以将闭合的图形转换为修订云线。见图 3.41。

命令：REVCLOUD

最小弧长：1.0000　　最大弧长：1.0000　　样式：普通　　类型：矩形

指定第一个角点或 [弧长(A)/对象(O)/矩形(R)/多边形(P)/徒手画(F)/样式(S)/修改(M)]

<对象>：A

指定最小弧长 <1.0000>：2

指定最大弧长 <2.0000>：3

指定第一个角点或 [弧长(A)/对象(O)/矩形(R)/多边形(P)/徒手画(F)/样式(S)/修改(M)]

<对象>： O

选择对象：

反转方向 [是(Y)/否(N)] <否>：N

修订云线完成。

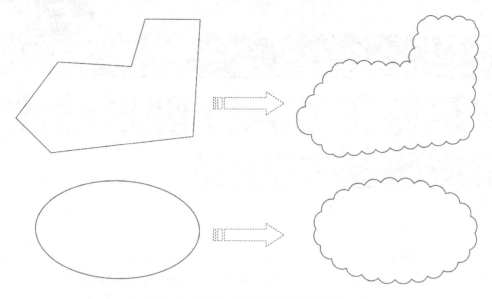

图 3.41　将闭合的图形转换为修订云线

第4章

建筑施工 CAD 图形修改
和编辑基本方法

本章将详细讲述使用 AutoCAD 进行建筑绘图中的 CAD 图形修改和编辑的基本方法，包括删除、复制、移动、旋转、镜像和剪切等各种操作。AutoCAD 的编辑修改功能与其绘图功能一样强大，使用方便，用途广泛，是建筑施工绘图及文件制作的好帮手。

4.1 建筑施工 CAD 图形常用编辑与修改方法

4.1.1 删除和复制图形

4.1.1.1 删除图形

删除功能的 AutoCAD 命令为 ERASE（简写形式为 E）。启动删除命令可以通过以下三种方式。

- 打开【修改】下拉菜单选择【删除】命令选项。
- 单击"修改"工具栏上的"删除"命令图标。
- 在"命令:"命令行提示下直接输入 ERASE 或 E 命令。

选择图形对象后，可以按 Delete 键可以删除图形对象，其作用与 ERASE 相同。下面以在"命令:"行直接输入 ERASE 或 E 命令为例，说明删除功能的使用方法，如图 4.1 所示。

命令：ERASE（执行删除编辑功能）

选择对象：找到 1 个（依次选择要删除的图线）

选择对象：找到 1 个，总计 2 个

选择对象：找到 1 个，总计 3 个

选择对象：（回车，图形的一部分被删除）

4.1.1.2 复制图形

要获得相同的图形对象，可以复制生成。复制功能的 AutoCAD 命令为 COPY（简写形式为 CO 或 CP）。启动复制命令可以通过以下三种方式。

- 打开【修改】下拉菜单选择【复制】命令选项。

■ 单击"修改"工具栏上的"复制"命令图标。

■ 在"命令:"命令行提示下直接输入 COPY 或 CP 命令。

图 4.1 删除编辑功能

复制操作有两种方式，即只复制一个图形对象和复制多个图形对象。下面以在"命令:"行直接输入 COPY 或 CP 命令为例，说明复制功能的使用方法，如图 4.2 所示。

● 命令：COPY（进行图形对象单一复制）

选择对象：找到 1 个

选择对象：

当前设置：复制模式 = 多个

指定基点或 [位移(D)/模式(O)] <位移>：

指定第二个点或 [阵列(A)] <使用第一个点作为位移>：

指定第二个点或 [阵列(A)/退出(E)/放弃(U)] <退出>：

……

指定第二个点或 [阵列(A)/退出(E)/放弃(U)] <退出>：

● 命令：COPY（进行图形对象阵列复制）

选择对象：找到 1 个（选择图形）

选择对象：（回车）

当前设置：复制模式 = 多个

指定基点或 [位移(D)/模式(O)] <位移>：（指定复制图形起点位置）

指定第二个点或 [阵列(A)] <使用第一个点作为位移>：（进行复制，指定复制图形复制点位置）

指定第二个点或 [阵列(A)/退出(E)/放弃(U)] <退出>：a（输入 a 指定在线性阵列中排列的副本数量，确定阵列相对于基点的距离和方向。默认情况下，阵列中的第一个副本将放置在指定的位移；其余的副本使用相同的增量位移放置在超出该点的线性阵列中）

输入要进行阵列的项目数：5

指定第二个点或 [布满(F)]：

指定第二个点或 [阵列(A)/退出(E)/放弃(U)] <退出>：

指定第二个点或 [阵列(A)/退出(E)/放弃(U)] <退出>：

指定第二个点或 [阵列(A)/退出(E)/放弃(U)] <退出>：（回车）

4.1.2 镜像和偏移图形

4.1.2.1 镜像图形

镜像功能的 AutoCAD 命令为 MIRROR（简写形式为 MI）。镜像生成的图形对象与原图

（a）单一复制图形　　　　　（b）使用阵列多个复制

图 4.2　复制图形

形对象成某种对称关系（如左右对称、上下对称）。启动 MIRROR 命令可以通过以下三种方式。

- 打开【修改】下拉菜单选择【镜像】命令选项。
- 单击"修改"工具栏上的"镜像"命令图标。
- 在"命令:"命令行提示下直接输入 MIRROR 或 MI 命令。

镜像操作有两种方式，即镜像后将源图形对象删除和镜像后将源图形对象保留。下面以在命令行下直接输入 MIRROR 或 MI 命令为例，说明镜像功能的使用方法，如图 4.3 所示。

命令：MIRROR（进行镜像得到一个对称部分）

选择对象：找到 21 个(选择图形)

选择对象：(回车)

指定镜像线的第一点：(指定镜像第一点位置)

指定镜像线的第二点：(指定镜像第二点位置)

要删除源对象吗？[是(Y)/否(N)] <N>：N（输入 N 保留原有图形，输入 Y 删除原有图形）

图 4.3　不同方向镜像图形

4.1.2.2　偏移图形

偏移功能主要用来创建平行的图形对象，其命令为 OFFSET（简写形式为 O）。启动

OFFSET 命令可以通过以下三种方式。

- 打开【修改】下拉菜单选择【偏移】命令选项。
- 单击"修改"工具栏上的"偏移"命令图标。
- 在"命令:"命令行提示下直接输入 OFFSET 或 O 命令。

下面以在"命令:"行直接输入 OFFSET 或 O 命令为例，说明偏移功能的使用方法，如图 4.4 所示。在进行偏移操作时，若输入的偏移距离或指定通过点位置过大，则得到的图形将有所变化，如图 4.5 所示。

命令：OFFSET（偏移生成形状相似的图形）

当前设置：删除源=否　图层=源　OFFSETGAPTYPE=0

指定偏移距离或 [通过(T)/删除(E)/图层(L)] <0.0000>:100（输入偏移距离或指定通过点位置）

选择要偏移的对象，或 [退出(E)/放弃(U)] <退出>:（选择要偏移的图形）

指定要偏移的那一侧上的点，或 [退出(E)/多个(M)/放弃(U)] <退出>:（指定偏移方向位置）

选择要偏移的对象，或 [退出(E)/放弃(U)] <退出>:（回车结束）

偏移距离大小造成图形轮廓变化

图 4.4　偏移编辑功能　　　　　　　图 4.5　偏移后图形改变

4.1.3　阵列与移动图形

4.1.3.1　阵列图形

利用阵列功能可以快速生成多个图形对象，其 AutoCAD 的命令为 ARRAY（简写形式为AR）。启动 ARRAY 命令可以通过以下三种方式。

- 打开【修改】下拉菜单选择【阵列】命令选项。
- 单击"修改"工具栏上的"阵列"命令图标（可进一步选择"矩形阵列"、"环形阵列"、"路径阵列"）。
- 在"命令:"命令行提示下直接输入 ARRAY 或 AR 命令。

执行 ARRAY 命令后，AutoCAD 可以按矩形阵列图形对象、按路径阵列图形对象或按环形阵列图形对象。

下面以在"命令:"行直接输入 ARRAY 或 AR 命令为例，说明阵列功能的使用方法。

（1）进行环形（极轴可以使用 ARRAYPOLAR 功能命令）阵列图形，如图 4.6 所示。

命令：ARRAYPOLAR

选择对象：找到 1 个

选择对象：

类型 = 极轴　关联 = 是

指定阵列的中心点或 [基点(B)/旋转轴(A)]：

输入项目数或 [项目间角度(A)/表达式(E)] <4>: 6

指定填充角度(+=逆时针、-=顺时针)或 [表达式(EX)] <360>:360

按 Enter 键接受或 [关联(AS)/基点(B)/项目(I)/项目间角度(A)/填充角度(F)/行(ROW)/层(L)/旋转项目(ROT)/退出(X)] <退出>:（回车）

图 4.6　环形（极轴）阵列图形

（2）进行路径阵列（可以使用 ARRAYPATH 功能命令）图形，如图 4.7 所示。

命令: ARRAYPATH

选择对象: 指定对角点: 找到 14 个

选择对象:

类型 = 路径　关联 = 是

选择路径曲线:

输入沿路径的项数或 [方向(O)/表达式(E)] <方向>: 6

指定沿路径的项目之间的距离或 [定数等分(D)/总距离(T)/表达式(E)] <沿路径平均定数等分(D)>: D

按 Enter 键接受或 [关联(AS)/基点(B)/项目(I)/行(R)/层(L)/对齐项目(A)/Z 方向(Z)/退出(X)] <退出>:

图 4.7　路径阵列图形

（3）进行矩形阵列（可以使用 ARRAYRECT 功能命令）图形，如图 4.8 所示。

命令: ARRAYRECT

选择对象: 指定对角点: 找到 14 个

选择对象:

类型 = 矩形　关联 = 是
为项目数指定对角点或 [基点(B)/角度(A)/计数(C)] <计数>:C
输入行数或 [表达式(E)] <4>: 4
输入列数数或 [表达式(E)] <4>: 3
指定对角点以间隔项目或 [间距(S)] <间距>: 200
按 Enter 键接受或 [关联(AS)/基点(B)/行(R)/列(C)/层(L)/退出(X)] <退出>:

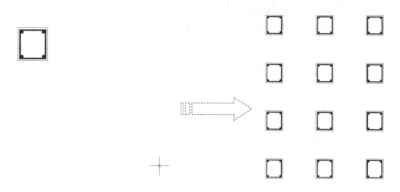

图 4.8　矩形阵列图形

4.1.3.2　移动图形

移动功能的 AutoCAD 命令为 MOVE（简写形式为 M）。启动 MOVE 命令可以通过以下三种方式。

- 打开【修改】下拉菜单选择【移动】命令选项。
- 单击"修改"工具栏上的"移动"命令图标。
- 在"命令:"命令行提示下直接输入 MOVE 或 M 命令。

下面以在"命令:"行直接输入 MOVE 或 M 命令为例，说明移动功能的使用方法，如图
4.9 所示。

命令：MOVE（移动命令）
选择对象：指定对角点：找到 22 个（选择对象）
选择对象：（回车）
指定基点或 [位移(D)] <位移>: （指定移动基点位置）
指定第二个点或 <使用第一个点作为位移>:（指定移动位置）

（a）移动进行中　　　　　　　　　　　　　（b）移动结果

图 4.9　移动图形

4.1.4 旋转与拉伸图形

4.1.4.1 旋转图形

旋转功能的 AutoCAD 命令为 ROTATE（简写形式为 RO）。启动 ROTATE 命令可以通过以下三种方式。

- 打开【修改】下拉菜单选择【旋转】命令选项。
- 单击"修改"工具栏上的"旋转"命令图标。
- 在"命令:"命令行提示下直接输入 ROTATE 或 RO 命令。

输入旋转角度若为正值（+），则对象逆时针旋转。输入旋转角度若为负值（−），则对象顺时针旋转。下面以在"命令:"行直接输入 ROTATE 或 RO 命令为例，说明旋转编辑功能的使用方法，如图 4.10 所示。

命令：ROTATE（将图形对象进行旋转）

UCS 当前的正角方向：ANGDIR=逆时针 ANGBASE=0

选择对象：找到 1 个（选择图形）

选择对象：（回车）

指定基点：（指定旋转基点）

指定旋转角度，或 [复制(C)/参照(R)] <0>: 60（输入旋转角度为负值按顺时针旋转，若输入为正值则按逆时针旋转）

图 4.10 旋转图形

4.1.4.2 拉伸图形

拉伸功能的 AutoCAD 命令为 STRETCH（简写形式为 S）。启动 STRETCH 命令可以通过以下三种方式。

- 打开【修改】下拉菜单选择【拉伸】命令选项。
- 单击"修改"工具栏上的"拉伸"命令图标。
- 在"命令:"命令行提示下直接输入 STRETCH 或 S 命令。

以在"命令:"行直接输入 STRETCH 或 S 命令为例，说明拉伸功能的使用方法，拉伸图形时常常使用穿越方式选择图形比较方便，如图 4.11 所示。

命令：STRETCH（将图形对象进行拉伸）

以交叉窗口或交叉多边形选择要拉伸的对象...

选择对象：指定对角点：找到 1 个（以穿越方式选择图形）

选择对象：（回车）

指定基点或 [位移(D)] <位移>:（指定拉伸基点）

指定第二个点或 <使用第一个点作为位移>:（指定拉伸位置点）

图 4.11　拉伸图形

4.1.5　分解与打断图形

4.1.5.1　分解图形

　　AutoCAD 提供了将图形对象分解的功能命令 EXPLODE（简写形式为 X）。EXPLODE 命令可以将多段线、多行线、图块、填充图案和标注尺寸等从创建时的状态转换或化解为独立的对象。许多图形无法编辑修改时，可以试一试分解功能命令，或许会有帮助。但图形分解保存退出文件后是不能复原的。注意若线条是具有一定宽度的多段线，分解后宽度为默认的 0 宽度线条。

　　启动 EXPLODE 命令可以通过以下三种方式。

- 打开【修改】下拉菜单中的【分解】命令。
- 单击"修改"工具栏上的"分解"图标按钮。
- 在"命令:"行输入 EXPLODE 或 X 并回车。

　　按上述方法激活 EXPLODE 命令后，AutoCAD 操作提示如下，如图 4.12 所示。

命令：EXPLODE

选择对象：指定对角点：找到 1 个（选择多段线）

选择对象：（选择要分解的多段线对象，回车后选中的多段线对象将被分解为多个直线段）

图 4.12　分解图形对象

4.1.5.2　打断图形

　　打断功能的 AutoCAD 命令为 BREAK（简写形式为 BR）。启动 BREAK 命令可以通过以下三种方式。

- 打开【修改】下拉菜单选择【打断】命令选项。
- 单击"修改"工具栏上的"打断"命令图标。
- 在"命令:"命令行提示下直接输入 BREAK 或 BR 命令。

下面以在"命令:"行直接输入 BREAK 或 BR 命令为例，说明打断功能的使用方法，如图 4.13 所示。

命令：BREAK（将图形对象打断）

选择对象：（选择对象）

指定第二个打断点 或 [第一点(F)]：（指定第 2 点位置或回车指定第一点）

图 4.13　打断功能

4.1.6　修剪与延伸图形

4.1.6.1　修剪图形

剪切功能的 AutoCAD 命令为 TRIM（简写形式为 TR）。启动 TRIM 命令可以通过以下三种方式。

- 打开【修改】下拉菜单选择【修剪】命令选项。
- 单击"修改"工具栏上的"修剪"命令图标。
- 在"命令:"命令行提示下直接输入 TRIM 或 TR 命令。

下面以在"命令:"行直接输入 TRIM 或 TR 命令为例，说明修剪功能的使用方法，如图 4.14 所示。

命令：TRIM（对图形对象进行修剪）

当前设置:投影=UCS,边=无

选择剪切边...

选择对象或 <全部选择>： 找到 1 个（选择修剪边界）

选择对象：（回车）

选择要修剪的对象，或按住 Shift 键选择要延伸的对象，或

[栏选(F)/窗交(C)/投影(P)/边(E)/删除(R)/放弃(U)]：（选择修剪对象）

选择要修剪的对象，或按住 Shift 键选择要延伸的对象，或

[栏选(F)/窗交(C)/投影(P)/边(E)/删除(R)/放弃(U)]：（回车）

4.1.6.2　延伸图形

延伸功能的 AutoCAD 命令为 EXTEND（简写形式为 EX）。启动 EXTEND 命令可以通

过以下三种方式。

- 打开【修改】下拉菜单选择【延伸】命令选项。
- 单击"修改"工具栏上的"延伸"命令图标。
- 在"命令:"命令行提示下直接输入 EXTEND 或 EX 命令。

图 4.14 修剪图形

下面以在"命令:"行直接输入 EXTEND 或 EX 命令为例，说明延伸编辑功能的使用方法，如图 4.15 所示。

```
命令：EXTEND（对图形对象进行延伸）
当前设置:投影=UCS，边=无
选择边界的边...
选择对象或 <全部选择>：找到 1 个（选择延伸边界）
选择对象：（回车）
选择要延伸的对象，或按住 Shift 键选择要修剪的对象，或
[栏选(F)/窗交(C)/投影(P)/边(E)/放弃(U)]：（选择延伸对象）
选择要延伸的对象，或按住 Shift 键选择要修剪的对象，或
[栏选(F)/窗交(C)/投影(P)/边(E)/放弃(U)]：（回车）
```

图 4.15 延伸图形

4.1.7 图形倒角与圆角

4.1.7.1 图形倒角

倒角功能的 AutoCAD 命令为 CHAMFER（简写形式为 CHA）。启动 CHAMFER 命令可

以通过以下三种方式。

- 打开【修改】下拉菜单选择【倒角】命令选项。
- 单击"修改"工具栏上的"倒角"命令图标。
- 在"命令:"命令行提示下直接输入 CHAMFER 或 CHA 命令。

下面以在"命令:"行直接输入 CHAMFER 或 CHA 命令为例，说明倒直角功能的使用方法，如图 4.16 所示。

图 4.16　图形倒角

若倒直角距离太大，则不能进行倒直角操作。倒角距离可以相同，也可以不相同，根据图形需要设置；当两条线段还没有相遇在一起，设置倒角距离为 0，则执行倒直角编辑后将延伸直至二者重合，如图 4.17 所示。

命令：CHAMFER（对图形对象进行倒角）

（"修剪"模式）当前倒角距离 1 = 0.0000，距离 2 = 0.0000

选择第一条直线或 [放弃(U)/多段线(P)/距离(D)/角度(A)/修剪(T)/方式(E)/多个(M)]：D（输入 D 设置倒直角距离大小）

指定第一个倒角距离 <0.0000>:5（输入第 1 个距离）

指定第二个倒角距离 <0.0000>:5（输入第 2 个距离）

选择第一条直线或 [放弃(U)/多段线(P)/距离(D)/角度(A)/修剪(T)/方式(E)/多个(M)]：（选择第 1 条倒直角对象边界）

选择第二条直线，或按住 Shift 键选择要应用角点的直线：（选择第 2 条倒直角对象边界）

4.1.7.2　图形倒圆角

倒圆角功能的 AutoCAD 命令为 FILLET（简写形式为 F）。启动 FILLET 命令可以通过以下三种方式。

- 打开【修改】下拉菜单选择【圆角】命令选项。
- 单击"修改"工具栏上的"圆角"命令图标。
- 在"命令:"命令行提示下直接输入 FILLET 或 F 命令。

下面以在"命令:"行直接输入 FILLET 或 F 命令为例，说明倒圆角功能的使用方法，如图 4.18 所示。若倒圆角半径大小太大，则不能进行倒圆角操作。当两条线段还没有相遇在一起，设置倒角半径为 0，执行倒圆角编辑后将延伸直至二者重合，如图 4.19 所示。

命令：FILLET（对图形对象进行倒圆角）

当前设置：模式 = 修剪，半径 = 0.0000

选择第一个对象或 [放弃(U)/多段线(P)/半径(R)/修剪(T)/多个(M)]：R（输入 R 设置倒圆角半径大小）

指定圆角半径 <0.0000>：5（输入半径大小）

选择第一个对象或 [放弃(U)/多段线(P)/半径(R)/修剪(T)/多个(M)]：（选择第 1 条倒圆角对象边界）

选择第二个对象，或按住 Shift 键选择要应用角点的对象：（选择第 2 条倒圆角对象边界）

（a）倒角距离

（b）不同倒角距离

图 4.17　图形倒角修改效果

4.1.8　缩放（放大与缩小）图形

放大与缩小（即缩放）功能的 AutoCAD 命令均为 SCALE（简写形式为 SC）。启动 SCALE 命令可以通过以下三种方式。

■ 打开【修改】下拉菜单选择【缩放】命令选项。

■ 单击"修改"工具栏上的"缩放"命令图标。

■ 在"命令:" 命令行提示下直接输入 SCALE 或 SC 命令。

图 4.18　图形倒圆角

（a）倒圆角半径大小

（b）不同倒角半径

图 4.19　图形倒圆角修改

　　所有图形在同一操作下是等比例进行缩放的。输入缩放比例小于 1（如 0.6），则对象被缩小相应倍数。输入缩放比例大于 1（如 2.6），则对象被放大相应倍数。下面以在"命令:"行直接输入 SCALE 或 SC 命令为例，说明缩放功能的使用方法，如图 4.20 所示。

　　命令：SCALE（等比例缩放）

　　选择对象：找到 1 个（选择图形）

　　选择对象：（回车）

指定基点：（指定缩放基点）

指定比例因子或 [复制(C)/参照(R)] <1.5000>：3（输入缩放比例）

图 4.20　缩放图形

4.1.9　拉长图形

拉长功能的 AutoCAD 命令均为 LENGTHEN（简写形式为 LEN），可以将更改指定为百分比、增量或最终长度或角度，使用 LENGTHEN 即使用 TRIM 和 EXTEND 其中之一。此功能命令仅适用于 LINE 或 ARC 绘制的线条，对 PLINE、SPLINE 绘制的线条不能使用。启动 SCALE 命令可以通过以下三种方式。

- 打开【修改】下拉菜单选择【拉长】命令选项。
- 单击"修改"工具栏上的"拉长"命令图标。
- 在"命令:"命令行提示下直接输入 LENGTHEN 或 LEN 命令。

所有图形输入数值小于 1，则对象被缩短相应倍数。输入数值大于 1，则对象被拉长相应倍数。下面以在"命令:"行直接输入 LENGTHEN 或 LEN 命令为例，说明拉长功能的使用方法，如图 4.21 所示。

命令：LENGTHEN（拉长图形）

选择对象或 [增量(DE)/百分数(P)/全部(T)/动态(DY)]：P（指定为百分比）

输入长度百分数 <0.0000>：200

选择要修改的对象或 [放弃(U)]：（选择要修改的图形）

选择要修改的对象或 [放弃(U)]：

……

选择要修改的对象或 [放弃(U)]：（回车）

图 4.21　拉长图形

另外，单击方向与拉长或缩短方向有关，单击线段哪端则向该端方向拉长或缩短，如图 4.22 所示。

图 4.22　拉长图形方向

4.2 图形其他编辑和修改方法

除了复制、偏移、移动和修剪等基本编辑修改功能外，AutoCAD 提供了一些特殊的编辑与修改图形方法，包括多段线和样条曲线的编辑、取消和恢复操作步骤、对象属性的编辑等方法。

4.2.1 放弃和重做（取消和恢复）操作

在绘制或编辑图形时，常常会遇到错误或不合适的操作要取消或者想返回到前面的操作步骤状态中。AutoCAD 提供了几个相关的功能命令，可以实现前面的绘图操作要求。

4.2.1.1 逐步取消操作

U 命令的功能是取消前一步命令操作及其所产生的结果，同时显示该次操作命令的名称。启动 U 命令可以通过以下四种方式。

- 打开【编辑】下拉菜单选择【放弃（U）***】命令选项，其中"***"代表前一步操作功能命令。
- 单击"标准"工具栏上的"放弃"命令图标。
- 在"命令:"命令行提示下直接输入 U 命令。
- 使用快捷键 Ctrl+Z。

按上述方法执行 U 命令后即可取消前一步命令操作及其所产生的结果，若继续按 Enter 键，则会逐步返回到操作刚打开（开始）时的图形状态。下面以在"命令:"行直接输入 U 命令为例，说明 U 命令编辑功能的使用方法，如图 4.23 所示。

命令:U
RECTANG

4.2.1.2 限次取消操作

UNDO 命令的功能与 U 基本相同，主要区别在于 UNDO 命令可以取消指定数量的前面一组命令操作及其所产生的结果，同时也显示有关操作命令的名称。启动 UNDO 命令可以通过在"命令:"命令行下直接输入 UNDO 命令。

图 4.23　U 命令编辑功能

执行 UNDO 命令后，AutoCAD 提示如下。

命令：UNDO

当前设置：*自动* = *开*，*控制* = *全部*，*合并* = *是*，*图层* = *是*

输入要放弃的操作数目或 ［*自动*(A)/*控制*(C)/*开始*(BE)/*结束*(E)/*标记*(M)/*后退*(B)］ <1>：2
GROUP ERASE

4.2.1.3　恢复操作

REDO 功能命令允许恢复上一个 U 或 UNDO 所做的取消操作。要恢复上一个 U 或 UNDO 所做的取消操作，必须在该取消操作进行后立即执行，即 REDO 必须在 U 或 UNDO 命令后立即执行。

启动 REDO 命令可以通过以下四种方式。

- 打开【编辑】下拉菜单选择【重做（R）***】命令选项，其中"***"代表前一步取消的操作功能命令。
- 单击"标准"工具栏上的"重做"命令图标。
- 在"命令:"命令行提示下直接输入 REDO 命令。
- 使用快捷键 Ctrl+Y。

4.2.2　对象特性的编辑和特性匹配

4.2.2.1　编辑对象特性

对象特性是指图形对象所具有的全部特点和特征参数，包括颜色、线型、尺寸大小、角度、质量和重心等一系列性质。属性编辑功能的 AutoCAD 命令为 PROPERTIES（简写形式为 PROPS）。启动 PROPERTIES 命令可以通过以下五种方式。

- 打开【修改】下拉菜单选择【特性】命令选项。
- 单击"标准"工具栏上的"特性"命令图标。
- 在"命令:"命令行提示下直接输入 PROPERTIES 命令。
- 使用快捷键 Ctrl+1。
- 选择图形对象后单击鼠标右键，在屏幕上弹出的快捷菜单中选择"特性"（Properties）命令选项。

按上述方法执行属性编辑功能命令后，AutoCAD 将弹出 Properties 对话框，如图 4.24 所示。在该对话框中，可以单击要修改的属性参数所在行的右侧，直接进行修改或在出现的一个下拉菜单中选择需要的参数，如图 4.25 所示。可以修改的参数包括颜色、图层、线型、线型比例、线宽、坐标和长度、角度等各项相关指标。

图 4.24　Properties 对话框　　　　图 4.25　修改参数（颜色）

4.2.2.2　特性匹配

特性匹配是指将所选图形对象的属性复制到另外一个图形对象上，使其具有相同的某些参数特征。特性匹配编辑功能的 AutoCAD 命令为 MATCHPROP（简写形式为 MA）。启动MATCHPROP 命令可以通过以下三种方式。

■　打开【修改】下拉菜单选择【特性匹配】命令选项。

■　单击"标准"工具栏上的"特性匹配"命令图标。

■　在"命令:"命令行提示下直接输入 MATCHPROP 命令。

执行该命令后，光标变为一个刷子形状，使用该刷子即可进行特性匹配，包括改变为相同的线型、颜色、字高、图层等。

下面以在"命令:"行直接输入 MATCHPROP 命令为例，说明特性匹配编辑功能的使用方法，如图 4.26 所示。

命令：MATCHPROP（特性匹配）

当前活动设置：颜色 图层 线型 线型比例 线宽 厚度 打印样式 文字 标注 填充图案

选择目标对象或 [设置(S)]：（使用该刷子选择源特性匹配图形对象）

选择目标对象或 [设置(S)]：（使用该刷子即可进行特性匹配）

……

选择目标对象或 [设置(S)]：（回车）

图 4.26　进行特性匹配（文字）

4.2.3　多段线和样条曲线的编辑

多段线和样条曲线编辑修改，需使用其专用编辑命令。

4.2.3.1　多段线编辑修改

多段线专用编辑命令是 PEDIT，启动 PEDIT 编辑命令可以通过以下四种方式。

- 打开【修改】下拉菜单中的【对象】子菜单，选择其中的【多段线】命令。
- 单击"修改 II"工具栏上的"编辑多段线"按钮。
- 在"命令:"命令提示行下直接输入命令 PEDIT。
- 用鼠标选择多义线后，在绘图区域内单击鼠标右键，然后在弹出的快捷菜单上选择"多段线"命令。

下面以在"命令:"行直接输入 PEDIT 命令为例，说明多段线的编辑修改方法，如图 4.27 所示。

命令：PEDIT（输入编辑命令）

选择多段线或 [多条(M)]：（选择多段线）

输入选项 [闭合(C)/合并(J)/宽度(W)/编辑顶点(E)/拟合(F)/样条曲线(S)/非曲线化(D)/线型生成(L)/反转(R)/放弃(U)]：W(输入 W 编辑宽度)

指定所有线段的新宽度：150（输入宽度）

输入选项 [闭合(C)/合并(J)/宽度(W)/编辑顶点(E)/拟合(F)/样条曲线(S)/非曲线化(D)/线型生成(L)/反转(R)/放弃(U)]：（回车）

4.2.3.2　样条曲线编辑修改

样条曲线专用编辑命令是 SPLINEDIT，启动 SPLINEDIT 编辑命令可以通过以下四种方式。

- 打开【修改】下拉菜单中的【对象】子菜单，选择其中的"样条曲线"命令。
- 单击"修改 II"工具栏上的"编辑样条曲线"按钮。
- 在"命令:"提示下输入命令 SPLINEDIT。
- 用鼠标选择多义线后，在绘图区域内单击鼠标右键，然后在弹出的快捷菜单上选择"样条曲线"命令。

下面以在"命令:"行直接输入 SPLINEDIT 命令为例，说明样条曲线的编辑修改方法，如图 4.28 所示。

命令：SPLINEDIT（编辑样条曲线）

选择样条曲线：（选择样条曲线图形）

输入选项 [拟合数据(F)/闭合(C)/移动顶点(M)/优化(R)/反转(E)/转换为多段线(P)/放弃(U)]：p（输入 P 转换为多段线）

指定精度 <99>：0

图 4.27　多段线编辑　　　　　图 4.28　样条曲线编辑

4.2.4 多线的编辑

多线专用编辑命令是 MLEDIT，启动 MLEDIT 编辑命令可以通过以下两种方式。

■ 打开【修改】下拉菜单中的【对象】子菜单，选择其中的【多线】命令。

■ 在"命令:"提示下输入命令 MLEDIT。

按上述方法执行 MLEDIT 编辑命令后，AutoCAD 弹出一个"多线编辑工具"对话框，如图 4.29 所示。若单击其中的一个图标，则表示使用该种方式进行多线编辑操作。

下面以在"命令:"行直接输入 MLEDIT 命令为例，说明多线的编辑修改方法。

（1）十字交叉多线编辑，单击对话框中的"十字打开"图标，如图 4.30 所示。

命令：MLEDIT

选择第一条多线：

选择第二条多线：

选择第一条多线或 [放弃(U)]:

图 4.29　"多线编辑工具"对话框　　　　　图 4.30　十字交叉多线编辑

（2）T 形交叉多线编辑，单击对话框中的"T 形闭合"图标，如图 4.31 所示。

命令：MLEDIT

选择第一条多线：

选择第二条多线：

选择第一条多线或 [放弃(U)]:

（3）多线的角点和顶点编辑，单击对话框中的"角点结合"图标，如图 4.32 所示。

命令：MLEDIT

选择第一条多线：

选择第二条多线：

选择第一条多线或 [放弃(U)]:

图 4.31　T 形闭合　　　　　　　　　　　图 4.32　角点结合

4.2.5 图案的填充与编辑方法

图案的填充功能是指将某种有规律的图案填充到其他图形的整个或局部区域中，所使用的填充图案一般为 AutoCAD 系统提供，也可以建立新的填充图案，如图 4.33 所示。图案主要用来区分工程的部件或表现组成对象的材质，可以使用预定义的填充图案，用当前的线型定义简单直线图案，或者创建更加复杂的填充图案。AutoCAD 中图案的填充功能命令包括 BHATCH、HATCH，二者功能相同。

图 4.33　填充图案

4.2.5.1　图案填充功能及使用

启动图案填充功能命令可以通过以下三种方式。

- 打开【绘图】下拉菜单中的【图案填充】命令。
- 单击"绘图"工具栏上的"图案填充"按钮。
- 在"命令:"提示下输入命令 HATCH 或 BHATCH。

按上述方法执行"图案填充"命令后，AutoCAD 弹出一个"图案填充和渐变色"对话框，如图 4.34 所示，在该对话框中可以进行定义边界、图案类型、图案比例、图案角度和图案特性以及定制填充图案等参数设置操作。使用该对话框就可以实现对图形进行图案操作。下面结合如图 4.35 所示的图形作为例子，说明有关参数的设置和使用方法。

图 4.34　"图案填充和渐变色"对话框　　图 4.35　进行图案填充图形

在进行填充操作时，填充区域的边界必须是封闭的，否则不能进行填充或填充结果错误。

下面以在"命令:"行直接输入 BHATCH 命令，及如图 4.35 所示的多边形、椭圆形等图形为例，说明对图形区域进行图案填充的方法。

（1）在"命令:"提示下输入命令 HATCH。

（2）在"图案填充和渐变色"对话框中选择图案填充选项，再在"类型和图案栏"下，单击"图案"右侧的三角图标选择填充图形的名称，或单击右侧的省略号（…）图标，弹出"填充图案选项板"对话框，根据图形的直观效果选择要填充图案类型，单击"确定"，如图 4.36 所示。

图 4.36　选择填充图形　　　　图 4.37　选取选择对象

（3）返回前一步"图案填充和渐变色"对话框，单击右上角边界栏下"添加：拾取点"或"添加：选择对象"图标，AutoCAD 将切换到图形屏幕中，在屏幕上选取图形内部任一位置点或选择图形，该图形边界线将变为虚线，表示该区域已选中，然后按下 Enter 键返回对话框，如图 4.37 所示。也可以逐个图形对象的边，如图 4.38 所示。

（4）接着在"图案填充和渐变色"对话框中，在"角度和比例"栏下，设置比例、角度等参数，以此控制所填充的图案的密度大小、与水平方向的倾角大小。角度、比例可以直接输入需要的数字，如图 4.39 所示。

图 4.38　选取图形边界线　　　　图 4.39　设置角度、比例参数

（5）设置关联特性参数。在对话框中"选项"栏下，选择勾取"关联"或不勾取，如图 4.40 所示。关联或不关联是指所填充的图案与图形边界线的相互关系的一种特性。若拉伸边界线时，所填充的图形随之紧密变化，则属于关联，反之为不关联，如图 4.41 所示。

图 4.40　设置关联特性　　　　图 4.41　关联的作用示意

（6）单击"确定"确认进行填充，完成填充操作，如图 4.42 所示。对两个或多个相交图形的区域，无论其如何复杂，均可以使用与上述一样的方法，直接使用鼠标选取要填充图案的区域即可，其他参数设置完全一样，如图 4.43 所示。若填充区域内有文字时，在选择该区域进行图案填充，所填充的图案并不穿越文字，文字仍可清晰可见。也可以使用"选择对象"分别选取边界线和文字，其图案填充效果一致，如图 4.44 所示。

图 4.42　完成填充操作　　　　图 4.43　直接选取区域

（a）图案穿越文字　　　　　　　（b）图案不穿越文字

图 4.44　　图案与文字关系

4.2.5.2　编辑图案填充

　　编辑图案填充的功能是指修改填充图案的一些特性，包括其造型、比例、角度和颜色等。其 AutoCAD 命令为 HATCHEDIT。

　　启动 HATCHEDIT 编辑命令可以通过以下三种方式。

- 打开【修改】下拉菜单中的【对象】命令选项，在子菜单中选择【图案填充】命令。
- 单击"修改 II"工具栏上的"编辑图案填充"按钮。
- 在"命令:"提示下输入命令 HATCHEDIT。

　　按上述方法执行 HATCHEDIT 编辑命令后，AutoCAD 要求选择要编辑的填充图案，然后弹出一个对话框，如图 4.45 所示。在该对话框中可以进行定义边界、图案类型、图案比例、图案角度和图案特性以及定制填充图案等参数修改，其操作方法与进行填充图案操作是一致的。填充图案经过编辑后，如图 4.46 所示。

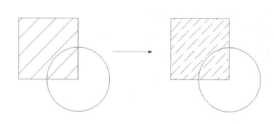

图 4.45　"填充图案编辑"对话框　　　　　图 4.46　填充图案编辑

4.2.6　AutoCAD 2017 特有编辑修改功能

4.2.6.1　光顺曲线

　　光顺曲线是指在两条开放曲线的端点之间创建相切或平滑的样条曲线。其 AutoCAD 命令是 BLEND。启动命令可以通过以下两种方式，其绘制方法如下所述，如图 4.47 所示。

■ 在"命令:"行直接输入定距等分 BLEND 命令。

■ 单击"修改"菜单下选择"光顺曲线"即可。

命令:BLEND

连续性 = 相切

选择第一个对象或 [连续性(CON)]:

选择第二个点:

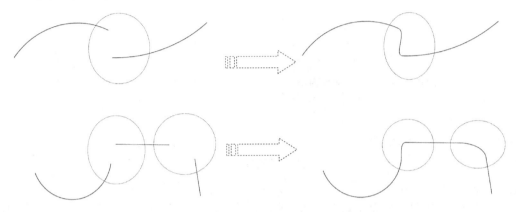

图 4.47　光顺曲线

4.2.6.2　对齐

对齐是指在二维及三维空间中将对象与其他对象对齐。其 AutoCAD 命令是 ALIGN。启动命令可以通过以下两种方式，其绘制方法如下所述，如图 4.48 所示。

■ 在"命令:"行直接输入对齐 ALIGN 命令。

■ 单击"修改"菜单下选择"对齐"即可。

命令: ALIGN

选择对象:找到 1 个(选择图形-矩形)

选择对象:

指定第一个源点: (点取 1 点)

指定第一个目标点: (点取 2 点)

指定第二个源点: (点取 3 点)

指定第二个目标点: (点取 4 点)

指定第三个源点或 <继续>: (回车)

是否基于对齐点缩放对象? [是(Y)/否(N)] <否>:N

图 4.48　对齐

4.3 图块功能与编辑

将某个元素或多个元素组成的图形对象定制为一个整体图形,该整体图形即是 AutoCAD 中的图块。图块具有自己的特性,此外组成其中的各个对象有自己的图层、线型和颜色等特性。可以对图块进行复制、旋转、删除和移动等编辑修改操作。图块的作用主要是避免许多重复性的操作,提高设计与绘图效率和质量。

4.3.1 创建图块

AutoCAD 创建图块的功能命令是 BLOCK。启动 BLOCK 命令可以通过以下三种方式。

- 打开【绘图】下拉菜单中的【块】子菜单,选择其中的【创建】命令。
- 单击"绘图"工具栏上的"创建块"图标按钮。
- 在"命令:"提示符下输入 BLOCK 并回车。

按上述方法激活 BLOCK 命令后,AutoCAD 系统弹出"块定义"对话框。在该对话框中的"名称"栏下输入图块的名称"图块-梁",如图 4.49 所示。接着在"对象"栏下单击"选择对象"图标,单击该图标后系统切换到图形屏幕上,AutoCAD 要求选择图形,可以使用光标直接选取图形,回车后该图形将加入到图块中,如图 4.50 所示。

图 4.49 "块定义"对话框

图 4.50 选取图形

选择图形对象后按下 Enter 键系统将切换到对话框中,在"基点"栏下单击"拾取点"图标,指定该图块插入点的位置,也可以在其下面的 X、Y、Z 空白栏中直接输入坐标点(X, Y, Z)。图块插入点的位置为在绘图时插入该图块的基准点和图块的旋转与缩放基点。AutoCAD 默认的基点是坐标系的原点。单击该图标后系统切换到图形屏幕上,AutoCAD 要求选择图块插入点的位置。可以使用光标直接选取位置点,回车确认后将返回"块定义"对话框中,如图 4.51 所示。

此外在该对话框中,可以为图块设置一个预览图标,并保存在图块中。同时可以设置图块的尺寸单位(毫米、厘米等),如图 4.52 所示。

最后单击"确定"按钮完成图块的创建操作。该图块将保存在当前的图形中,若未保存图形,则图块也未能保存。

图 4.51　指定图块插入点　　　图 4.52　设置预览图标和单位

4.3.2　插入图块

4.3.2.1　插入单个图块

单图块插入是指在图形中逐个插入图块。要在图形中插入图块，需先按前面有关论述定义图块。AutoCAD 插入图块的功能命令是 INSERT。启动 INSERT 命令可以通过以下三种方式。

- 打开【插入】下拉菜单中的【块】命令。
- 单击"插入点"工具栏上的"插入块"图标按钮。
- 在"命令:"提示符下输入 INSERT 并回车。

按上述方法激活插入图块命令后，AutoCAD 系统弹出"插入"对话框。在该对话框中的"名称"选项区域右边选择要插入的图块名称（可以单击小三角图标打开下拉栏选择），例如前面创建的"图块-梁"。在该对话框中还可以设置插入点、缩放比例和旋转角度等，如图 4.53（a）所示。

若选取各个参数下面的"在屏幕上指定"复选框，可以直接在屏幕上使用鼠标进行插入点、比例、旋转角度的控制，如图 4.53（b）所示。

命令:INSERT

输入 X 比例因子，指定对角点，或 [角点(C)/XYZ(XYZ)] <1>: 1.0

输入 Y 比例因子或 <使用 X 比例因子>: 1.0

（a）"插入"对话框　　　　　（b）插入图块

图 4.53　插入图块示意

此外，可以将已有的*.dwg 图形文件作为图块插入，其插入方法与插入图块完全一致。只需单击对话框右上角的"浏览"按钮，在弹出的"选择图形文件"对话框中选择图形文件后单击"确定"按钮确认返回，即可按前面有关论述的方法进行操作，如图 4.54 所示。

4.3.2.2　多图块插入

多图块插入是指在图形中以矩形阵列形式插入多个图块。其 AutoCAD 功能命令为 MINSERT。启动 INSERT 命令可以通过在命令行下输入 MINSERT 并回车。在进行多图块插入操作时，插入的图块是整体的。下面以在命令行下直接输入 MINSERT 命令为例，说明多图块插入的方法，如图 4.54 所示。

命令：MINSERT

输入块名或 [?] <儿童-002>：

单位：英寸 转换： 1.0000

指定插入点或 [基点(B)/比例(S)/X/Y/Z/旋转(R)]：

输入 X 比例因子，指定对角点，或 [角点(C)/XYZ(XYZ)] <1>：

输入 Y 比例因子或 <使用 X 比例因子>：

指定旋转角度 <0>：

输入行数 (---) <1>：3

输入列数 (||||) <1>：2

输入行间距或指定单位单元 (---)：122

指定列间距 (||||)：360

注意，采用多块插入方法，得到的图形是一个整体块，各个块不是分开的，如图 4.55 所示。

图 4.54 插入图形文件　　图 4.55 多图块插入

4.3.3 图块编辑

图块编辑包括写图块（WBLOCK）、图块分解（EXPLODE）和属性编辑（DDATTE、ATTEDIT）等操作。

4.3.3.1 写图块

写图块（可以理解为保存）的 AutoCAD 功能命令是 WBLOCK。启动 WBLOCK 命令可以通过在"命令："提示下输入 WBLOCK 并回车。

激活 WBLOCK 命令后，AutoCAD 系统弹出"写块"对话框，在该对话框中的"源"选项栏下，可以选择"块"/"整个图形"/"对象"等方式的复选框，并在右侧选择已有图块，然后单击"确定"按钮即可保存该图块，图块的存储默认位置在对话框下侧的空白框，同时可以进行设置存储位置，如图 4.56 所示。

（a）选择块选项　　　　　　　（b）选择对象选项

图 4.56 "写块"对话框

4.3.3.2 图块分解

在定义图块后，图块是一个整体，若要对图块中的某个图形元素对象进行修改，则在整体组合的图块中无法进行。为此，AutoCAD 提供了将图块分解的功能命令 EXPLODE。EXPLODE 命令可以将块、填充图案和标注尺寸从创建时的状态转换或化解为独立的对象。

启动 EXPLODE 命令可以通过以下三种方式。

- 打开【修改】下拉菜单中的【分解】命令。
- 单击"修改"工具栏上的"分解"图标按钮。
- 在"命令:"提示符下输入 EXPLODE 并回车。

按上述方法激活 EXPLODE 命令后，AutoCAD 操作提示如下。

命令：EXPLODE

选择对象：指定对角点：找到 1 个

选择对象：（回车）

选择要分解的图块对象，回车后选中的图块对象将被分解，如图 4.57 所示。

图 4.57　分解图块

4.4 文字与尺寸标注

文字与尺寸标注是图形绘制主要表达内容之一，也是 AutoCAD 绘制图形的重要内容。

4.4.1 标注文字

标注文字，是工程设计不可缺少的一部分，文字与图形一起才能表达完整的设计思想。文字标注包括图形名称、注释、标题和其他图纸说明等。AutoCAD 提供了强大的文字处理功能，如可以设置文字样式、单行标注、多行标注、支持 Windows 字体、兼容中英文字体等。

4.4.1.1 文字样式设置

AutoCAD 文字样式是指文字字符和符号的外观形式，即字体。AutoCAD 字体除了可以使用 Windows 操作系统的 TrueType 字体外，还有其专用字体（其扩展名为*.SHX）。AutoCAD 默认的字体为 TXT.SHX，该种字体全部由直线段构成（没有弯曲段），因此存储空间较少，但外观单一不美观。

可以通过文字样式（STYLE 命令）修改当前使用字体。启动 STYLE 命令可以通过以下三种方式。

- 打开【格式】下拉菜单选择命令【文字样式】选项。
- 单击"样式"工具栏上的"文字样式"命令图标。
- 在"命令:"命令行提示下直接输入 STYLE 或 ST 命令。

按上述方法执行 STYLE 命令后，AutoCAD 弹出"文字样式"对话框，在该对话框中可以设置相关的参数，包括样式、新建样式、字体、高度和效果等，如图 4.58 所示。

图 4.58 "文字样式"对话框

其中，在"字体名"中，带@的字体表示该种字体是水平倒置的，如图 4.59 所示。此外，在"字体"选项栏中可以使用大字体，该种字体是扩展名为.SHX 的 AutoCAD 专用字体，如chineset.shx、bigfont.shx 等，大字体前均带一个圆规状的符号，如图 4.60 所示。

图 4.59 带@的字体文字效果

4.4.1.2 单行文字标注方法

单行文字标注是指进行逐行文字输入。单行文字标注功能的 AutoCAD 命令为 TEXT。启动单行文字标注 TEXT 命令可以通过以下两种方式。

图 4.60 AutoCAD 专用字体

- 打开【绘图】下拉菜单选择【文字】命令选项，再在子菜单中选择【单行文字】命令。
- 在"命令:"命令行提示下直接输入 TEXT 命令。

可以使用 TEXT 输入若干行文字，并可进行旋转、对正和大小调整。在"输入文字"提示下输入的文字会同步显示在屏幕中。每行文字是一个独立的对象。要结束一行并开始另一行，可在"输入文字"提示下输入字符后按 Enter 键。要结束 TEXT 命令，可直接按 Enter 键，而不用在"输入文字"提示下输入任何字符。通过对文字应用样式，用户可以使用多种字符图案或字体。这些图案或字体可以在垂直列中拉伸、压缩、倾斜、镜像或排列。

以在"命令:"行直接输入 TEXT 命令为例，说明单行文字标注方法，完成文字输入后回车确认即可，如图 4.61 所示。

命令：TEXT（输入 TEXT 命令）
当前文字样式："Standard" 文字高度：2.5000 注释性：否
指定文字的起点或 [对正(J)/样式(S)]：
指定高度 <2.5000>：10
指定文字的旋转角度 <0>：

图 4.61　单行标注文字

4.4.1.3　多行文字标注方法

除了使用 TEXT 进行单行文字标注外，还可以进行多行文字标注。其 AutoCAD 命令为 MTEXT。启动单行文字标注 TEXT 命令可以通过以下三种方式。

■ 打开【绘图】下拉菜单选择【文字】命令选项，再在子菜单中选择【多行文字】命令。

■ 单击"绘图"工具栏上的"多行文字"命令图标。

■ 在"命令:"命令行提示下直接输入 MTEXT 命令。

激活 MTEXT 命令后，要求在屏幕上指定文字的标注位置，可以使用鼠标直接在屏幕上选取，如图 4.62 所示。指定文字的标注位置后，弹出"文字格式"对话框，在该对话框中设置字形、字高、颜色等，然后输入文字，输入文字后单击"确定"按钮，文字将在屏幕上显示出来，如图 4.63 所示。

下面以在"命令:"行直接输入 MTEXT 命令为例，说明多行文字标注方法。

命令：MTEXT（标注文字）

当前文字样式："Standard" 文字高度：10 注释性：否

指定第一角点：（指定文字位置）

指定对角点或 [高度(H)/对正(J)/行距(L)/旋转(R)/样式(S)/宽度(W)/栏(C)]：（指定文字对角位置，在弹出的对话框中可以设置字形、字高、颜色等，并输入文字）

Current text style: "DIM_FONT" Text height: 400

图 4.62　指定文字位置　　　　　　　　　　图 4.63　输入文字

4.4.2　尺寸标注

尺寸的标注，在工程制图中同样是十分重要的内容。尺寸大小，是进行工程建设定位的主要依据。AutoCAD 提供了多种尺寸标注方法，以适应不同工程制图的需要。

AutoCAD 提供的尺寸标注形式，与工程设计实际相一致。一个完整的尺寸一般由尺寸界线、尺寸线、箭头、标注文字构成，通常以一个整体出现，如图 4.64 所示。

4.4.2.1　尺寸样式设置

尺寸标注样式是指尺寸界线、尺寸线、箭头、标注文字等的外观形式。通过设置尺寸标注样式，可以有效地控制图形标注尺寸界线、尺寸线、箭头、标注文字的布局和外观形式。

图 4.64　CAD 尺寸标注的构成示意

尺寸标注样式设置的 AutoCAD 命令为 DIMSTYLE（简写形式为 DDIM）。启动单行文字标注 DIMSTYLE 命令可以通过以下三种方式。

- 打开【格式】下拉菜单选择【标注样式】命令选项。
- 单击"标注"工具栏上的"标注样式"命令图标。
- 在"命令:"命令行提示下直接输入 DIMSTYLE 或 DDIM 命令。

激活 DIMSTYLE 命令后，在屏幕上弹出"标注样式管理器"对话框，通过该对话框，可以对尺寸线、标注文字、箭头、尺寸单位、尺寸位置和方向等尺寸样式进行部分或全部设置和修改，如图 4.65 所示。

图 4.65　标注样式及其修改选项

其中，创建新的标注样式是新定义一个标注模式；比较两个已存在的标注样式的参数及特性，二者不同之处显示出来；修改标注样式可以对当前的标注样式进行修改，包括文字位置、箭头和尺寸线长短等各种参数。其中"文字对齐"选项建议选取"与尺寸线对齐"；尺寸标注文字是否带小数点，可在"线性标注"选项下的"精度"中进行设置，如图 4.66 所示。

图 4.66　尺寸标注相关参数修改

4.4.2.2　尺寸标注方法

AutoCAD 提供了多种尺寸标注方法，包括线性、对齐、坐标、半径、直径、角度等。此外还有快速尺寸标注等其他方式。

（1）线性尺寸标注 线性尺寸标注的 AutoCAD 功能命令是 DIMLINEAR。启动 DIMLINEAR 命令可以通过以下三种方式。

■ 打开【标注】下拉菜单，选择其中的【线性】命令选项。

■ 单击"标注"工具栏上的"线性"命令功能图标。

■ 在命令行"命令:"提示符下输入 DIMLINEAR 并回车。

下面以在"命令:"行启动 DIMLINEAR 为例，讲述线性尺寸标注的使用方法，如图 4.67 所示。

命令：DIMLINEAR

指定第一条延伸线原点或 <选择对象>：

指定第二条延伸线原点：

创建了无关联的标注。

指定尺寸线位置或

[多行文字(M)/文字(T)/角度(A)/水平(H)/垂直(V)/旋转(R)]：

标注文字 = 600

图 4.67　线性尺寸标注样式

（2）对齐尺寸标注 对齐尺寸标注是指所标注的尺寸线与图形对象相平行，其 AutoCAD 功能命令是 DIMALIGNED。启动 DIMALIGNED 命令可以通过以下三种方式。

■ 打开【标注】下拉菜单，选择其中的【对齐】命令选项。

■ 单击"标注"工具栏上的"对齐"命令功能图标。

■ 在命令行"命令:"提示符下输入 DIMALIGNED 并回车。

下面以在"命令:"行启动 DIMALIGNED 为例，讲述对齐尺寸标注的使用方法，如图 4.68 所示。

命令：DIMALIGNED

指定第一条延伸线原点或 <选择对象>：

指定第二条延伸线原点：

创建了无关联的标注。

指定尺寸线位置或

[多行文字(M)/文字(T)/角度(A)]：

标注文字 = 227

线性标注方式

对齐标注方式

图 4.68　对齐尺寸标注样式

（3）坐标尺寸标注　坐标尺寸标注是指所标注是图形对象的 *X* 或 *Y* 坐标，其 AutoCAD 功能命令是 DIMORDINATE。坐标标注沿一条简单的引线显示部件的 *X* 或 *Y* 坐标。这些标注也称为基准标注。AutoCAD 使用当前用户坐标系(UCS)确定测量的 *X* 或 *Y* 坐标，并且沿与当前 UCS 轴正交的方向绘制引线。按照通行的坐标标注标准，采用绝对坐标值。启动 DIMORDINATE 命令可以通过以下三种方式。

- 打开【标注】下拉菜单，选择其中的【坐标】命令选项。
- 单击"标注"工具栏上的"坐标"命令功能图标。
- 在命令行"命令:"提示符下输入 DIMORDINATE 并回车。

下面以在"命令:"行启动 DIMORDINATE 为例，说明坐标尺寸标注的使用方法，如图 4.69 所示。

命令:DIMORDINATE
指定点坐标:
指定引线端点或 [X 基准(X)/Y 基准(Y)/多行文字(M)/文字(T)/角度(A)]:
标注文字 =620

图 4.69　坐标尺寸标注样式

（4）半径尺寸标注　半径标注由一条具有指向圆或圆弧的箭头的半径尺寸线组成。如果 DIMCEN 系统变量未设置为零，AutoCAD 将绘制一个圆心标记。其 AutoCAD 功能命令是 DIMRADIUS。DIMRADIUS 根据圆或圆弧的大小、"新建标注样式"、"修改标注样式"和"替代当前样式"对话框中的选项以及光标的位置绘制不同类型的半径标注。对于水平标注文字，如果半径尺寸线的角度大于水平 15°，AutoCAD 将在标注文字前一个箭头长处绘制一条钩线，也称为弯钩或着陆。AutoCAD 测量此半径并显示前面带一个字母 R 的标注文字。

启动 DIMRADIUS 命令可以通过以下三种方式。

■ 打开【标注】下拉菜单，选择其中的【半径】命令选项。

■ 单击"标注"工具栏上的"半径"命令功能图标。

■ 在命令行"命令:"提示符下输入 DIMRADIUS 并回车。

下面以在"命令:"行启动 DIMRADIUS 为例，说明半径尺寸标注的使用方法，如图 4.70 所示。

命令：DIMRADIUS

选择圆弧或圆：

标注文字 =4560

指定尺寸线位置或 [多行文字(M)/文字(T)/角度(A)]：

图 4.70　半径尺寸标注样式

（5）直径尺寸标注　直径尺寸标注是根据圆和圆弧的大小、标注样式的选项设置以及光标的位置来绘制不同类型的直径标注。标注样式控制圆心标记和中心线。当尺寸线画在圆弧或圆内部时，AutoCAD 不绘制圆心标记或中心线。其 AutoCAD 功能命令是 DIMDIAMETER。对于水平标注文字，如果直径线的角度大于水平 15°并且在圆或圆弧的外面，那么 AutoCAD 将在标注文字旁边绘制一条一个箭头长的钩线。

启动 DIMDIAMETER 命令可以通过以下三种方式。

■ 打开【标注】下拉菜单，选择其中的【直径】命令选项。

■ 单击"标注"工具栏上的"直径"命令功能图标。

■ 在命令行"命令:"提示符下输入 DIMDIAMETER 并回车。

下面以在"命令:"行启动 DIMDIAMETER 为例，说明直径尺寸标注的使用方法，如图 4.71 所示。

命令：DIMDIAMETER

选择圆弧或圆：

标注文字 =137

指定尺寸线位置或 [多行文字(M)/文字(T)/角度(A)]：

图 4.71　直径尺寸标注样式

（6）角度尺寸标注　角度尺寸标注是根据两条以上的图形对象构成的角度进行标注。其 AutoCAD 功能命令是 DIMANGULAR。启动 DIMANGULAR 命令可以通过以下三种方式。

■　打开【标注】下拉菜单，选择其中的【角度】命令选项。

■　单击"标注"工具栏上的"角度"命令功能图标。

■　在命令行"命令:"提示符下输入 DIMANGULAR 并回车。

下面以在"命令:"行启动 DIMANGULAR 为例，说明角度尺寸标注的使用方法，如图 4.72 所示。

命令：DIMANGULAR

选择圆弧、圆、直线或 ＜指定顶点＞:

选择第二条直线:

指定标注弧线位置或 ［多行文字(M)/文字(T)/角度(A)/象限点(Q)］:

标注文字 = 135

（7）基线尺寸标注　基线尺寸标注是指创建自相同基线测量的一系列相关标注，其 AutoCAD 功能命令为 DIMBASELINE。AutoCAD 使用基线增量值偏移每一条新的尺寸线并避免覆盖上一条尺寸线。基线增量值在"新建标注样式"、"修改标注样式"和"替代标注样式"对话框的"直线和箭头"选项卡上基线间距指定。如果在当前任务中未创建标注，AutoCAD 将提示用户选择线性标注、坐标标注或角度标注，以用作基线标注的基准。一般情况下，在进行标注前，需使用线性标注、坐标标注或角度标注来确定标注基准线。

屋面折角配筋构造示意图

图 4.72　角度尺寸标注样式

启动 DIMBASELINE 命令可以通过以下三种方式。

■　打开【标注】下拉菜单，选择其中的【基线】命令选项。

■ 单击"标注"工具栏上的"基线标注"命令功能图标。

■ 在命令行"命令:"提示符下输入 DIMBASELINE 并回车。

下面以在"命令:"行启动 DIMBASELINE 为例,说明基线尺寸标注的使用方法,如图 4.73 所示。①先使用线性标注、坐标标注或角度标注来确定标注基准线;②再使用 DIMBASELINE 基线尺寸标注方法进行标注。

命令: DIMBASELINE

选择基准标注:

指定第二条尺寸界线原点或 [放弃(U)/选择(S)] <选择>:

标注文字 =2574

指定第二条尺寸界线原点或 [放弃(U)/选择(S)] <选择>:

标注文字 =4981

指定第二条尺寸界线原点或 [放弃(U)/选择(S)] <选择>:

……

选择基准标注:

图 4.73　基线尺寸标注样式

（8）连续尺寸标注　连续尺寸标注是指绘制一系列相关的尺寸标注,例如添加到整个尺寸标注系统中的一些短尺寸标注。连续标注也称为链式标注,其 AutoCAD 功能命令为 DIMCONTINUE。创建线性连续标注时,第一条尺寸界线将被禁止,并且文字位置和箭头可能会包含引线。这种情况作为连续标注的替代而出现（DIMSE1 系统变量打开,DIMTMOVE 系统变量为 1 时）。如果在当前任务中未创建标注,AutoCAD 将提示用户选择线性标注、坐标标注或角度标注,以用作连续标注的基准。一般情况下,在进行标注前,需使用线性标注、坐标标注或角度标注来确定标注基准线。

启动 DIMCONTINUE 命令可以通过以下三种方式。

■ 打开【标注】下拉菜单,选择其中的【连续】命令选项。

■ 单击"标注"工具栏上的"标注连续"命令功能图标。

■ 在命令行"命令:"提示符下输入 DIMCONTINUE 并回车。

下面以在"命令:"行启动 DIMCONTINUE 为例,说明连续尺寸标注的使用方法,如图 4.74 所示。①先使用线性标注、坐标标注或角度标注来确定标注基准线;②再使用

DIMCONTINUE 连续尺寸标注方法进行标注。

图 4.74　连续尺寸标注样式

命令：DIMCONTINUE
指定第二条尺寸界线原点或 [放弃(U)/选择(S)] <选择>：
标注文字 =298
指定第二条尺寸界线原点或 [放弃(U)/选择(S)] <选择>：
标注文字 =97
指定第二条尺寸界线原点或 [放弃(U)/选择(S)] <选择>：
标注文字 =298
指定第二条尺寸界线原点或 [放弃(U)/选择(S)] <选择>：

（9）弧线等其他各种尺寸标注　除了前述常见的标注方法外，还有弧线、公差等多种标注方法，其使用方法与前面的操作类似，在此不做详细论述，如图 4.75 所示。

图 4.75　其他尺寸标注方式

（10）添加形位公差标注　形位公差表示特征的形状、轮廓、方向、位置和跳动的允许偏差。可以通过特征控制框来添加形位公差，这些框中包含单个标注的所有公差信息。其中特征控制框至少由两个组件组成，第一个特征控制框包含一个几何特征符号，表示应用公差的几何特征，例如位置、轮廓、形状、方向或跳动。可以创建带有或不带引线的形位公差，这取决于创建公差时使用的是 TOLERANCE 还是 LEADER。形状公差控制直线度、平面度、圆度和圆柱度；轮廓控制直线和表面。可以使用大多数编辑命令更改特性控制框、可以使用对象捕捉模式对其进行捕捉，还可以使用夹点编辑它们。如图 4.76 所示。

图 4.76　形位公差示意

创建形位公差的步骤如下。

① 依次单击"标注(N)"下拉菜单选择"公差(T)"。

② 在弹出的"形位公差"对话框中，单击"符号"对话框中的第一个矩形，然后在弹出的"特征符号"对话框中选择一个插入符号。见图 4.77。

③ 在"公差 1"下，单击第一个黑框，插入直径符号。见图 4.78。

图 4.77　"特征符号"对话框　　　　　　　　图 4.78　插入直径符号

④ 在文字框中，输入第一个公差值。见图 4.79。

⑤ 要添加包容条件（可选），单击第二个黑框，然后单击"包容条件"对话框中的符号以进行插入。

图 4.79　输入第一个公差值

⑥ 在"形位公差"对话框中，加入第二个公差值（可选并且与加入第一个公差值方式相同）。见图 4.80。

⑦ 在"基准 1"、"基准 2"和"基准 3"下输入基准参考字母。

图 4.80 加入第二个公差值等

⑧ 单击黑框，为每个基准参考插入包容条件符号。

⑨ 在"高度"框中输入高度。

⑩ 单击"投影公差带"方框，插入符号。

⑪ 在"基准标识符"框中，添加一个基准值。

⑫ 单击"确定"。

⑬ 在图形中，指定特征控制框的位置。见图 4.81。

图 4.81 标注特征控制框

创建带有引线的形位公差的步骤如下，见图 4.82。

① 在命令提示下，输入"leader"或"LEADER"。

② 指定引线的起点。

③ 指定引线的第二点。

④ 按两次 Enter 键以显示"注释"选项。

⑤ 输入 t（公差），然后创建特征控制框。

⑥ 特征控制框将附着到引线的端点。

创建带有引线的形位公差的操作命令提示如下，参见图 4.82。

命令：LEADER

指定引线起点：

指定下一点：

指定下一点或 [注释(A)/格式(F)/放弃(U)] <注释>：

输入注释文字的第一行或 <选项>：

输入注释选项 [公差(T)/副本(C)/块(B)/无(N)/多行文字(M)] <多行文字>：T

（a）输入相关参数   （b）标注结果

图 4.82　创建带有引线的形位公差

（11）弧长标注　除了前述经常的标注方法外，还有弧长标注（DIMARC）等标注方法。弧长标注使用方法是执行命令后，使用鼠标单击要标注的弧线即可进行标注。弧线尺寸显示为"⌒***"标注形式，如图 4.83 所示。

命令：DIMARC

选择弧线段或多段线圆弧段：

指定弧长标注位置或 [多行文字(M)/文字(T)/角度(A)/部分(P)/]：

标注文字 = 27.55

图 4.83　弧长标注方式

4.4.3　文字与尺寸的编辑与修改

与其他图形对象一样，AutoCAD 同样提供了对文字和尺寸的编辑与修改功能。

4.4.3.1　文字编辑与修改方法

除了可以使用移动、复制、删除、旋转和镜像等基本的编辑与修改方法外，文字对象的编辑与修改方法还包括修改其内容、高度、字体和特性等。AutoCAD 提供了如下几种对文字的编辑与修改方法。

（1）修改文字内容　修改文字内容是最为基本的文字编辑与修改功能。其 AutoCAD 功能命令为 DDEDIT。启动 DDEDIT 命令可以通过以下三种方式。

- 打开【修改】下拉菜单，在【对象】子菜单中选择【文字】命令选项中的编辑。
- 在命令行"命令:"提示符下输入 DDEDIT 并回车。
- 单击文字，再单击右键，屏幕将出现快捷菜单，选择"特性"选项，在弹出的对话框中展开"文字"选项，直接单击其内容，输入新文字，可以修改文字，如图 4.84 所示。

图 4.84　修改文字内容窗口

（2）修改文字特性　修改文字特性是指对文字的内容、颜色、插入点、样式和对齐方式等相关性质参数。其 AutoCAD 功能命令为 PROPERTIES。启动 PROPERTIES 命令可以通过以下三种方式。

- 打开【修改】下拉菜单，选择【特性】命令选项。
- 单击"标准"工具栏上的"特性"命令功能图标。
- 使用快捷菜单: 选择要查看或修改其特性的对象，在绘图区域单击右键，然后选择"特性"。或者，可以在大多数对象上双击以显示"特性"窗口。在"特性"对话框中可以对文字的高度、字体、颜色等各种特性参数进行修改，如图 4.85 所示。

图 4.85　修改文字特性窗口

（3）文字编辑系统变量　AutoCAD 控制文字镜像后效果的系统变量为 MIRRTEXT。在进行文字镜像（MIRROR）时，若系统变量 MIRRTEXT 设置不正确，将使文字倒置。当 MIRRTEXT=0 时，文字镜像后的效果与原文字一致；当 MIRRTEXT=1 时，文字镜像后将倒置，如图 4.86 所示。改变系统变量为 MIRRTEXT 的值可以通过如下方法。

命令：MIRRTEXT（设置新的系统变量）

输入 MIRRTEXT 的新值 <0>：1（输入新的系统变量数值）

图 4.86　文字编辑系统变量设置

设置 MIRRTEXT=0 后，再进行文字操作，可以保证文字镜像与原文字一致。

4.4.3.2　尺寸编辑与修改方法

AutoCAD 尺寸编辑与修改的内容，包括对尺寸线、标注文字和尺寸界线、箭头形式等的颜色、位置、方向、高度等。AutoCAD 提供了如下几种对尺寸的编辑与修改方法。

（1）使用特性对话框　利用特性管理器，可以方便地管理、编辑尺寸标注的各个组成要素。选择要查看或修改其特性的尺寸对象，在绘图区域单击右键，然后选择"特性"。在"特性"窗口中，要修改某个参数，只需单击该项参数右侧的表格栏，展开该特性参数，单击参数选项即可进行修改，如图 4.87 所示。

图 4.87　编辑修改尺寸形式

（2）使用 DIMEDIT、DIMTEDIT 命令　DIMEDIT 的功能是使用新的文字替换现有的标注文字、旋转文字、将文字移动位置等。DIMEDIT 影响一个或多个标注对象上的标注文字和尺寸界线，其中"默认"、"新值"和"旋转"选项影响标注文字。"倾斜"选项控制尺寸界线的倾斜角度。DIMTEDIT 命令的功能主要是移动和旋转标注文字和对正标注文字。

标注编辑修改命令可以通过以下两种方式进行。

■　单击"标注"工具栏上的"编辑标注"或"编辑标注文字"命令功能图标。

■　在命令行"命令:"提示符下输入 DIMEDIT 或 DIMTEDIT 并回车。

下面以在"命令:"行启动 DIMEDIT 为例，说明使用 DIMEDIT 的编辑与修改方法，各种编辑修改效果如图 4.88 所示。使用 DIMTEDIT 的编辑与修改方法如下所述，如图 4.89 所示。

图 4.88 标注编辑（倾斜等）

图 4.89 DIMTEDIT 编辑标注(左对齐)

① 使用 DIMEDIT。

命令：DIMEDIT

输入标注编辑类型 [默认(H)/新建(N)/旋转(R)/倾斜(O)] <默认>:O

选择对象：找到 1 个

选择对象：

输入倾斜角度 (按 Enter 表示无)：30

其中上述相关命令选项含义如下。

默认(H)——将旋转标注文字移回默认位置。选中的标注文字移回到由标注样式指定的默认位置和旋转角。

新建(N)——使用多行文字编辑器修改标注文字并进行替换。

旋转(R)——旋转标注文字。

倾斜(O)——调整线性标注尺寸界线的倾斜角度。AutoCAD 创建尺寸界线与尺寸线方向垂直的线性标注。当尺寸界线与图形的其他部件冲突时"倾斜"选项将很有用处。

② 使用 DIMTEDIT。

命令: DIMTEDIT

选择标注：

为标注文字指定新位置或 [左对齐(L)/右对齐(R)/居中(C)/默认(H)/角度(A)]：A

指定标注文字的角度：270

第 5 章

建筑施工材料图案造型 CAD 快速绘制

在建筑施工中，常常需要绘制使用各种材料图案表示不同材料墙体的示意图。常见建筑施工材料图形包括钢筋、混凝土、钢筋混凝土、砖墙、砂子、钢等各种不同材料。本章将详细介绍如何使用 CAD 快速绘制各种施工材料图案的方法。

为便于学习提高 CAD 绘图技能，本书通过互联网相关平台提供本章建筑施工绘制实例的 CAD 图形（dwg 格式图形文件），读者连接互联网后登录到如下地址即可进行案例图形 CAD 文件下载。本案例图形文件仅供学习 CAD 参考。

◆ 百度云盘 http://pan.baidu.com/s/1kVavlVD ，其中 "1k" 中的 "1" 为数字。

其他绘图参考资料文件下载地址如下，仅供学习 CAD 参考。

钢筋符号字体文件下载地址：

◆ 百度云盘 http://pan.baidu.com/s/1dF9JsDb ，其中 "1dF9" 中的 "1" 为数字。

CAD 绘图参考图库文件下载地址：

◆ 百度云盘 http://pan.baidu.com/s/1sl29rad，其中 "1sl29rad" 中的第 1 个 "1" 为数字，第 3 个 "1" 为小写字母。

5.1 建筑砌体墙体图案 CAD 快速绘制

砌体施工所用材料主要是砖、石或砌块以及砌筑砂浆。

5.1.1 砖砌体墙体图案 CAD 快速绘制

常见建筑砖砌体施工材料包括普通黏土砖、页岩砖、空心砖、烧结普通砖、多孔砖、蒸压灰砂砖、蒸压粉煤灰砖等材料。

（1）常见砌体墙体造型。

操作提示： 在实际工程中应用的常见砌体墙体造型图片，可以利用 CAD 绘制具有砌体造型的形象图形，形象图形即是具有一块块砌块的效果，与实际墙体效果相近。

操作命令： 无。

操作参考：如图 5.1 所示。

（a）页岩砖砌体墙　　　　　　　　　　　　（b）空心砖砌体墙

（c）不同砌体造型 CAD 图形

图 5.1　常见砌体墙体

（2）具有砌体造型的形象图形，绘制方法很简单，先绘制轮廓线。

操作提示：先使用 PLINE、LINE 等绘制墙体轮廓线，然后使用 HATCH"图案填充"功能命令在弹出的"填充图案"对话框中选择相应相似砖方块的图案（如 AR-B816C）进行填充即可。填充后即可得到砌体形象图形。选择填充图案后注意调整合适的填充比例（可以通过预览观察填充效果）。墙体轮廓线可以使用粗实线，使用 PLINE 绘制或使用 PEDIT 修改加粗。

操作命令：LINE、PLINE、RECTANG、HATCH 等。

操作参考：如图 5.2 所示。

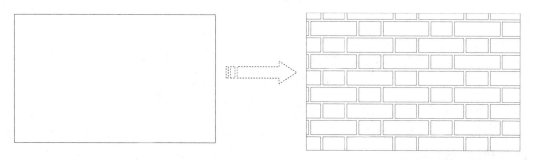

图 5.2　砌体墙体造型图案绘制

（3）也可以选择其他排列效果的图案进行填充，得到不同的砌体墙体图案效果。

操作提示：根据选择其他排列效果的图案（如 BRICK）进行填充，得到不同的砌体墙体图案效果。

操作命令：HATCH、BHATCH、SAVE 等。

操作参考：如图 5.3 所示。

（4）在实际工程中，墙体的图形一般使用斜线填充表示。其绘制方法与前述相似。

操作提示：先创建砌体墙体轮廓线；然后使用图案填充功能选择合适的图案进行填充即可。砌体墙（如砖墙）一般采用倾 45°的斜线标示；填充图案时注意设置选择合适的比例大小。其他各种位置造型的砌体墙体可以按相同方法进行绘制。

操作命令：LINE、PLINE、OFFSET、TRIM、PEDIT、HATCH、SAVE 等。

操作参考：如图 5.4 所示。

5.1.2 石材砌体墙体图案 CAD 快速绘制

建筑石材砌体墙体常见有料石墙、毛石墙、片石墙、卵石墙、统砂石墙等。毛石、料石和河卵石等石材砌体具有强度高、防潮、耐磨性强、耐风化腐蚀等特点，它们是一种良好的天然建筑材料。对于一些有震动荷载的房屋、地震烈度为七度以上的地区以及地基有可能产生较大沉降的建筑物不宜采用毛石和河卵石砌筑。

图 5.3　不同的砌体墙体图案效果

图 5.4　砌体墙体使用斜线表示

（1）在实际项目工程中的石材砌体墙体造型。

操作提示：在实际项目工程中的石材砌体墙体造型图片，可以使用 CAD 快速绘制石材砌体墙体形象效果图形。

操作命令：无。

操作参考：如图 5.5 所示。

（a）常见石材砌体墙

（b）石材墙体图形

图 5.5　常见石材砌体墙体及图形

（2）绘制方法之一是创建轮廓，然后选择类似石材的图案进行填充快速得到。

操作提示：选择不同的石材的图案进行填充快速得到不同石材墙体造型。不同石材图案可以从 CAD 软件系统自带的资料图库、网上收集或购买得到。此种方法仅限于使用 CAD 软件已有图库中的图案造型；其他形状的图案不能使用。

（注：非 CAD 软件系统默认的石材图案造型需安装图案库，方法是将图案文件复制到 AutoCAD\support 目录下，然后在"填充图案选项板"对话框中的"自定义"栏中选择相关图案即可）。

操作命令：LINE、PLINE、RECTANG、HATCH 等。

操作参考：如图 5.6 所示。

（a）使用 CAD 软件系统默认的图案填充

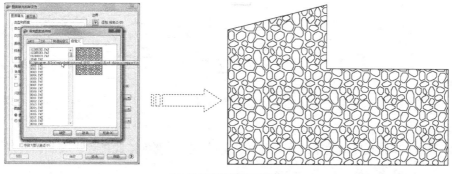

（b）使用自定义的图案填充

图 5.6　使用填充图案创建石材墙体图案

（3）创建方法之二是人工逐个使用 CAD 绘制不同大小石块的造型，通过复制快速得到石材墙体造型。

操作提示：可以使用 LINE、PLINE、SPLINE 等功能命令绘制大小不同的石材造型。这种方法适合比较熟悉 CAD 的操作的人使用，比较费时间和精力。

操作命令：LINE、PLINE、SPLINE、ARC 等。

操作参考：如图 5.7 所示。

图 5.7　逐个绘制不同大小石块的造型

（4）复制一个图形，然后对单个图形进行相应的编辑修改。

操作提示：通过偏移、缩小等功能，使得石材造型更为形象。这需要熟悉相应的编辑修改功能命令使用。

操作命令：SCALE、OFFSET、PLINE、SPLINE、ARC、STRETCH、LINE、TRIM、CHAMFER、FILLET、COPY、MOVE、ROTATE 等。

操作参考：如图 5.8 所示。

图 5.8　对单个图形进行相应的编辑修改

（5）按上述方法逐步进行石材造型绘制。

操作提示：按照不同大小、造型轮廓、砌筑位置进行绘制，可以进行复制、镜像、旋转，然后调整其位置等。

操作命令：LINE、SPLINE、ARC、STRETCH、LINE、TRIM、CHAMFER、FILLET、COPY、MIRROR、MOVE、ROTATE 等。

操作参考：如图 5.9 所示。

图 5.9　逐步进行石材造型绘制

（6）最后绘制完成石材墙体造型。

操作提示：其他石材造型形式可以按照上述方法逐步绘制。此种逐步绘制比较费力费时，不建议。

操作命令：LINE、SPLINE、ARC、STRETCH、LINE、TRIM、CHAMFER、FILLET、

COPY、MOVE、ROTATE、SAVE 等。

操作参考：如图 5.10 所示。

图 5.10　逐步绘制完成石材墙体

5.2　钢筋混凝土墙体图案 CAD 快速绘制

无论是高层建筑，还是低层建筑，钢筋混凝土墙体是建筑施工中最为常见的施工结构墙体之一。

5.2.1　各种钢筋造型 CAD 快速绘制

（1）钢筋截面造型绘制（方法 1）。

操作提示：钢筋截面造型为圆形，将圆形填充为实体图案 SOLID 即可。先使用 CIRCLE 绘制圆形，然后使用 HATCH 填充即可。

操作命令：CIRCLE、HATCH 等。

操作参考：如图 5.11 所示。

图 5.11　钢筋截面造型绘制

（2）钢筋截面造型绘制（方法 2）。

操作提示：使用圆环功能命令也可以绘制钢筋截面造型。设置圆环内径为"0"即可。注意使用 DONUT 功能命令绘制钢筋截面时，需要设置系统变量 FILL 参数为"ON/打开"状态，若为"OFF/关"状态，绘制的图形将不是实心的。

操作命令：DONUT 等。

操作参考：如图 5.12 所示。

（3）直段钢筋造型绘制。

操作提示：使用 PLINE 功能命令按一定宽度绘制。

操作命令： PLINE、LENGTHEN、STRETCH、OFFSET、COPY 等。
操作参考： 如图 5.13 所示。

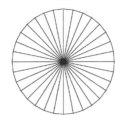

（a） FILL 参数为"ON/打开"状态　　　　　　　（b） FILL 参数为"OFF/关"状态

图 5.12　使用圆环功能命令绘制钢筋截面

图 5.13　直段钢筋造型绘制

（4）钢筋弯钩造型绘制。

操作提示： 使用 PLINE 功能命令，先绘制一段直线段，然后在操作中提示的命令行输入
"A"切换为绘制弧线即可进行绘制弯钩造型。注意 PLINE 要设置为一定宽度的线（宽度大
小按绘图比例确定）。

操作命令： PLINE 等。

命令：PLINE
指定起点：
当前线宽为 0.0000
指定下一个点或 [圆弧(A)/半宽(H)/长度(L)/放弃(U)/宽度(W)]：W
指定起点宽度 <0.0000>：50
指定端点宽度 <50.0000>:50
指定下一个点或 [圆弧(A)/半宽(H)/长度(L)/放弃(U)/宽度(W)]：
指定下一点或 [圆弧(A)/闭合(C)/半宽(H)/长度(L)/放弃(U)/宽度(W)]：A
指定圆弧的端点或
[角度(A)/圆心(CE)/闭合(CL)/方向(D)/半宽(H)/直线(L)/半径(R)/第二个点(S)/放弃
(U)/宽度(W)]：
指定圆弧的端点或
[角度(A)/圆心(CE)/闭合(CL)/方向(D)/半宽(H)/直线(L)/半径(R)/第二个点(S)/放弃
(U)/宽度(W)]:(回车)

操作参考： 如图 5.14 所示。

图 5.14　钢筋弯钩造型绘制

（5）弧线弯头钢筋造型绘制。

操作提示：通过倒圆角（FILLET）功能即可快速得到。使用 FILLET 时注意设置合适的圆角半径。

操作命令：PLINE、FILLET 等。

操作参考：如图 5.15 所示。

图 5.15　弧线弯头钢筋造型绘制

（6）弧形钢筋造型绘制（方法1）。

操作提示：通过 PEDIT 功能命令可以将弧线加粗。

操作命令：ARC、PEDIT 等。

命令：PEDIT

选择多段线或［多条(M)］：

选定的对象不是多段线

是否将其转换为多段线？ <Y>

输入选项［闭合(C)/合并(J)/宽度(W)/编辑顶点(E)/拟合(F)/样条曲线(S)/非曲线化(D)/线型生成(L)/反转(R)/放弃(U)］：w

指定所有线段的新宽度：20

输入选项［闭合(C)/合并(J)/宽度(W)/编辑顶点(E)/拟合(F)/样条曲线(S)/非曲线化(D)/线型生成(L)/反转(R)/放弃(U)］：

操作参考：如图 5.16 所示。

图 5.16　弧形钢筋造型绘制方法1

（7）弧形钢筋造型绘制（方法2）。

操作提示：通过 PLINE 功能命令可以绘制弧线钢筋造型，注意先输入"A"进行绘制，然后选中弧线单击弧线的蓝点，进行拖动得到任意形状的弧线造型。

操作命令：PLINE 等。

命令：PLINE

指定起点：

当前线宽为 0.0000

指定下一个点或 [圆弧(A)/半宽(H)/长度(L)/放弃(U)/宽度(W)]：W

指定起点宽度 <0.0000>：20

指定端点宽度 <0.0000>：20

指定下一个点或 [圆弧(A)/半宽(H)/长度(L)/放弃(U)/宽度(W)]：A

指定圆弧的端点或

[角度(A)/圆心(CE)/方向(D)/半宽(H)/直线(L)/半径(R)/第二个点(S)/放弃(U)/宽度(W)]：

指定圆弧的端点或

[角度(A)/圆心(CE)/闭合(CL)/方向(D)/半宽(H)/直线(L)/半径(R)/第二个点(S)/放弃(U)/宽度(W)]：

操作参考：如图 5.17 所示。

图 5.17　弧形钢筋造型绘制方法 2

（8）圆形钢筋造型绘制（方法 1）。

操作提示：　圆形钢筋绘制有三种方法。方法之一是使用 CIRCLE 绘制两个同心圆（注意同心圆大小相差不大），然后使用图案填充功能将同心圆之间填充实体即可完成（选择实体 SOLID 作为填充图案）。

操作命令：CIRCLE、OFFSET、HATCH 等。

操作参考：如图 5.18 所示。

图 5.18　圆形钢筋造型绘制方法 1

（9）圆形钢筋造型绘制（方法 2）。

操作提示：圆形钢筋绘制方法之二是先绘制半圆形，然后使用编辑功能（PEDIT）将半圆形加粗，再进行镜像即可完成。

操作命令：CIRCLE、LINE、TRIM、PEDIT、MIRROR 等。

操作参考：如图 5.19 所示。

图 5.19　圆形钢筋造型绘制方法 2

（10）圆形钢筋造型绘制（方法 3）。

操作提示：　圆形钢筋绘制方法之三是使用 PLINE 功能命令后，输入"A"进行绘制，绘制两段即可组合完成圆形钢筋造型。

操作命令：PLINE 等。

命令：PLINE

指定起点：

当前线宽为 20.0000

指定下一个点或 [圆弧(A)/半宽(H)/长度(L)/放弃(U)/宽度(W)]:A

指定圆弧的端点或

[角度(A)/圆心(CE)/方向(D)/半宽(H)/直线(L)/半径(R)/第二个点(S)/放弃(U)/宽度(W)]:

指定圆弧的端点或

[角度(A)/圆心(CE)/闭合(CL)/方向(D)/半宽(H)/直线(L)/半径(R)/第二个点(S)/放弃(U)/宽度(W)]:

指定圆弧的端点或

[角度(A)/圆心(CE)/闭合(CL)/方向(D)/半宽(H)/直线(L)/半径(R)/第二个点(S)/放弃(U)/宽度(W)]:

操作参考：如图 5.20 所示。

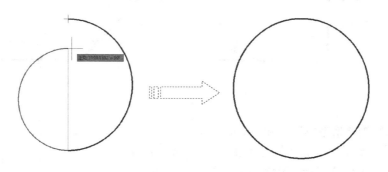

图 5.20　圆形钢筋造型绘制方法 3

（11）箍筋造型绘制。

操作提示：使用 PLINE 绘制即可。注意 PLINE 要设置为一定宽度（宽度大小按绘图比例确定）的线。

操作命令：PLINE、ROTATE、MOVE、OFFSET、TRIM、EXTEND 等。

操作参考：如图 5.21 所示。

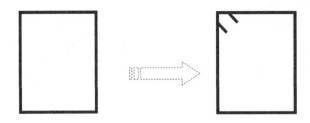

图 5.21　箍筋造型绘制

（12）多肢箍筋造型绘制。

操作提示：将矩形箍筋造型复制即可。

操作命令：PLINE、ROTATE、MOVE、OFFSET、TRIM、COPY、SAVE 等。

操作参考：如图 5.22 所示。

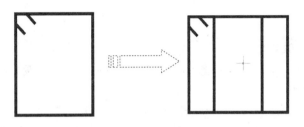

图 5.22　多肢箍筋造型绘制

（13）弯起钢筋造型绘制（步骤 1）。

操作提示：绘制三段折线钢筋造型，然后将垂直段钢筋造型旋转即可。

操作命令：P LINE、ROTATE、OFFSET、MOVE、SAVE 等。

操作参考：如图 5.23 所示。

图 5.23　弯起钢筋造型绘制步骤 1

（14）弯起钢筋造型绘制（步骤 2）。

操作提示：进行倒角，得到弯起钢筋造型。倒角距离设置为 0。

操作命令：CHAMFER、SAVE 等。

操作参考：如图 5.24 所示。

（15）附加吊筋造型绘制。

操作提示：先按前述方法绘制弯起钢筋造型，然后将弯起钢筋造型进行镜像即可得到附加吊筋造型。

操作命令：PLINE、ROTATE、MOVE、OFFSET、TRIM、COPY、MOVE、SAVE 等。

操作参考：如图 5.25 所示。

图 5.24 弯起钢筋造型绘制步骤 2

图 5.25 附加吊筋造型绘制

5.2.2 钢筋混凝土墙体造型 CAD 快速绘制

（1）砂浆造型绘制方法。

a. 绘制轮廓图形。

操作提示：先绘制好轮廓图形，然后选择砂子图案进行填充即可。例如要在如图 5.26 所示砌体墙体中的砖缝填充砂浆。

操作命令：RECTANG、PLINE、COPY、MOVE 等。

操作参考：如图 5.26 所示。

图 5.26 墙体轮廓造型绘制

b. 绘制填充范围轮廓线，进行砂浆造型图案填充。

操作提示：填充图案时使用"添加：拾取点"的功能选择填充范围，然后选择砂子图案进行填充即可。

操作命令：RECTANG、PLINE、COPY、MOVE 等。

操作参考：如图 5.27 所示。

图 5.27 绘制填充范围轮廓线

c. 选择砂子图案进行砂浆造型图案填充。

操作提示：填充图案时使用"添加：拾取点"方法选择填充范围，然后选择砂子图案进行填充即可。注意调整填充比例至合适大小。

操作命令：RECTANG、PLINE、COPY、MOVE 等。

操作参考：如图 5.28 所示。

图 5.28　砂浆造型绘制

（2）混凝土造型的绘制方法。

a. 绘制轮廓图形。

操作提示：先绘制好要填充混凝土造型的建筑结构轮廓图形，然后选择混凝土图案进行填充即可。要填充图案的建筑结构轮廓绘制过程在此从略。

操作命令：LINE、PLINE、TRIM、CHAMFER、HATCH、MOVE 等。

操作参考：如图 5.29 所示。

图 5.29　混凝土填充轮廓范围绘制

b. 进行混凝土填充造型图案填充。

操作提示：选择混凝土图案 AR-CONC 进行填充即可。注意填充比例大小。

操作命令：LINE、PLINE、TRIM、CHAMFER、HATCH、MOVE 等。

操作参考：如图 5.30 所示。

图 5.30　不同填充比例混凝土造型绘制

（3）最后介绍钢筋混凝土造型的绘制方法。

a. 绘制轮廓图形。

操作提示：先绘制好轮廓图形，然后选择 CAD 系统的混凝土进行图案填充。要填充图案的建筑结构轮廓绘制过程在此从略。

操作命令：LINE、PLINE、TRIM、CHAMFER、HATCH、MOVE 等。

操作参考：如图 5.31 所示。

b. 在同一范围再选择斜线图案 ANSI31 进行图案填充，即可得到钢筋混凝土造型图案。

操作提示：填充的两个图案共同构成钢筋混凝土图案造型。注意设置合适的填充比例，否则效果可能不理想。

操作命令：HATCH、SAVE 等。

操作参考：如图 5.32 所示。

图 5.31　钢筋混凝土造型轮廓绘制

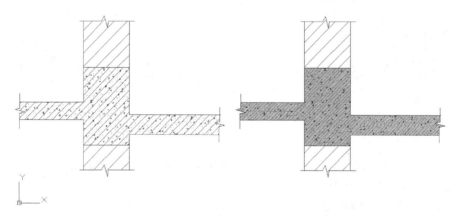

图 5.32　不同比例得到钢筋混凝土造型图案

5.2.3　钢筋混凝土柱子截面造型 CAD 快速绘制

（1）先绘制钢筋混凝土施工柱子的轮廓造型。

操作提示：常见的钢筋混凝土施工柱子有矩形、正方形、圆形等，其他形状的比较少。

操作命令：POLYGON、PLINE、LINE、OFFSET、TRIM、CHAMFER 等。

操作参考：如图 5.33 所示。

（2）通过图案填充得到柱子造型。

操作提示：对绘图比例比较小的，如 1∶100、1∶150 等，填充实体 SOLID 图案即可。

操作命令：BHATCH、HATCH 等。

图 5.33　绘制钢筋混凝土柱子轮廓

操作参考：如图 5.34 所示。

图 5.34　填充实体柱子轮廓图案

（3）通过多次图案填充得到柱子造型。

操作提示：对绘图比例比较大的，如 1：50、1：20 等，选择混凝土 AR-CONC 和斜线 ANSI31 作为填充图案。

操作命令：　BHATCH、HATCH 等。

操作参考：如图 5.35 所示。

图 5.35　填充柱子轮廓图案

（4）其他位置柱子，按轴线进行复制得到。

操作提示：对柱子大小一样的，可以通过复制、移动等功能命令快速得到。

操作命令：COPY、MOVE、SAVE 等。

操作参考：如图 5.36 所示。

图 5.36　其他柱子绘制

5.3 建筑钢材截面造型 CAD 快速绘制

5.3.1 角钢截面造型 CAD 快速绘制

（1）常见角钢材料。

操作提示：角钢符号为"L"，主要分为等边角钢和不等边角钢两类，其中不等边角钢又可分为不等边等厚及不等边不等厚两种。角钢的规格用边长和边厚的尺寸表示。目前国产角钢规格以边长的厘米数为号数，同一号角钢常有 2～7 种不同的边厚；进口角钢标明两边的实际尺寸及边厚并注明相关标准。一般边长 12.5cm 以上的为大型角钢，12.5～5cm 之间的为中型角钢，边长 5cm 以下的为小型角钢。如图 5.37 所示。

操作命令：无。

操作参考：无。

图 5.37　常见角钢材料

（2）角钢规格参数表示。

操作提示：角钢的截面图示及标注符号如图 5.38 所示，以 L8/11×12 不等边角钢作为案例绘制。

操作命令：无。

操作参考：如图 5.38 所示。

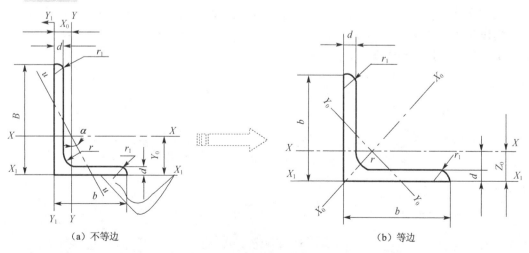

（a）不等边　　　　　　　　　　　（b）等边

图 5.38　角钢规格参数

（3）绘制角钢外轮廓。

操作提示：水平长 110mm，垂直长 180mm，按 1：1 长度绘制。执行命令后直接输入 110、180 即可。

操作命令：LINE、CHAMFER、MOVE 等。

操作参考：如图 5.39 所示。

（4）偏移得到厚度。

操作提示：厚度 12mm。倒圆角得到圆弧造型，倒角半径设置为 14mm。

操作命令：OFFSET、FILLET 等。

操作参考：如图 5.40 所示。

图 5.39　绘制角钢外轮廓

图 5.40　偏移得到厚度

（5）绘制两个小圆形。

操作提示：圆形半径与厚度相同，圆点可以在直线端点，然后移动圆形。

操作命令：CIRCLE、MOVE 等。

操作参考：如图 5.41 所示。

图 5.41　绘制两个小圆形

（6）进行修剪修改。

操作提示：得到角钢造型。

操作命令：TRIM 等。

操作参考：如图 5.42 所示。

图 5.42　进行修剪修改

（7）填充图案，完成角钢绘制。

操作提示：图案选择双斜线。等边角钢同理绘制。

操作命令：HATCH、SAVE 等。

操作参考：如图 5.43 所示。

图 5.43　填充图案，完成角钢绘制

5.3.2　工字钢截面造型 CAD 快速绘制

（1）常见工字钢类型。

操作提示：工字钢主要分为普通工字钢、轻型工字钢、H 形工字钢三种。其中普通工字钢、轻型工字钢翼缘是变截面靠腹板部厚，外部薄；H 形工字钢的翼缘是等截面，H 形工字钢也叫做宽翼缘工字钢，HW、 HM 、HN 源于欧洲标准，HEB 是德国标准的工字钢。

操作命令：无。

操作参考：如图 5.44 所示。

图 5.44　常见工字钢

（2）工字钢截面规格标志。

操作提示：工字钢的截面图示及标注符号如图 5.45 所示，以常见工字钢 32a 钢（h 320mm× b 130mm× d 9.5mm× r_1 5.8mm× r 11.5mm）为例绘制。

操作命令：无。

操作参考：如图 5.45 所示。

（3）先绘制底部水平线，然后在中点位置绘制 h 的一半长度垂直线。

操作提示：绘制一半造型，另外一半造型可以通过镜像得到。$b=130mm$，$h=320mm$，按 1∶1 比例绘制。

操作命令：LINE、OFFSET 等。

操作参考：如图 5.46 所示。

（4）绘制工字钢侧面造型。先在一侧底线中点绘制一段垂线，以右端点处为圆心绘制一个圆。

操作提示：线段长度为 $t=15mm$。可以在底部一侧新绘制一条长为一半长度的线进行中点定位。圆形的半径为 $r_1=5.8mm$。

操作命令：LINE 、 MOVE 、 DIMLINEAR 、 CIRCLE 等。

操作参考：如图 5.47 所示。

图 5.45　工字钢截面规格标志

图 5.46　绘制工字钢轮廓线

图 5.47　绘制工字钢侧面造型

（5）从短垂直直线端点向圆绘制切线。

操作提示：使用切点捕捉功能即可。然后延伸该直线至中间的垂直线交接。

操作命令：LINE、EXTEND 等。

操作参考：如图 5.48 所示。

图 5.48 从短垂直直线端点向圆绘制切线

（6）标注角度，绘制角度分中线。

操作提示：分中线为连接角点与角度标注线中点即可。使用中点捕捉功能。然后偏移倾斜直线一段距离 r=11.5mm，与分中线相交。

操作命令：DIMANGULAR、LINE 等。

操作参考：如图 5.49 所示。

图 5.49 绘制角度分中线

（7）从中线与上侧斜线角点向下侧斜线绘制垂直线，然后绘制外切圆形。

操作提示：使用垂直捕捉功能即可。外切圆形以上一斜线的交点作为圆心。

操作命令：LINE、CIRCLE 等。

操作参考：如图 5.50 所示。

图 5.50 绘制外切圆形

（8）进行线条修剪修改。

操作提示：删除多余的线条和尺寸等。

操作命令：TRIM、ERASE 等。

操作参考：如图 5.51 所示。

图 5.51　进行线条修剪修改

（9）进行镜像得到工字钢轮廓造型。

操作提示：先进行水平方向图形镜像，然后进行垂直方向图形镜像。

操作命令：MIRROR、SAVE 等。

操作参考：如图 5.52 所示。

图 5.52　进行镜像得到工字钢轮廓造型

（10）填充图案得到工字钢造型图。

操作提示：图案一般选择双斜线。

操作命令：HATCH、SAVE 等(若选择"SOLID"图案填充得到实体截面)。

操作参考：如图 5.53 所示。

（11）H 形工字钢、槽钢造型同理绘制。

操作提示：槽钢是截面为凹槽形的长条钢材，符号为"["。其规格以腰高(h)×腿宽(b)×腰厚(d)的毫米数表示，如 120×53×5，表示腰高为 120mm，腿宽为 53mm，腰厚为 5mm 的槽钢，或称 12#槽钢。腰高相同的槽钢，如有几种不同的腿宽和腰厚也需在型号右边加 a、b、c 予以区别，如[25a#、[25b#、[25c#等。具体绘制在此处略。

图 5.53　填充图案得到工字钢造型图

操作命令：参见前面步骤所列。

操作参考：如图 5.54 所示。

图 5.54　槽钢造型绘制

5.4　特殊符号造型 CAD 快速绘制

5.4.1　钢筋符号造型 CAD 快速绘制

在工程施工中，按照国家相关规范规定，常用的是热轧钢筋，分为热轧带肋钢筋和热轧光圆钢筋。热轧光圆钢筋按屈服强度特征值分为 235、300 级，分别以 HPB235、HPB300 进行标识表示。热轧带肋钢筋按屈服强度特征值分为 335、400、500 级，分别以 HRB335、HRB400 和 HRB500 进行标识表示。通常所说的Ⅰ级钢筋、Ⅱ级钢筋、Ⅲ级钢筋等分别以如下符号表示。

Ⅰ级钢筋　　　Ⅱ级钢筋　　　Ⅲ级钢筋　　　Ⅳ级钢筋　　　其他钢筋

钢筋混凝土施工图中钢筋的标注，一般采用引出线的方法，具体有以下两种标注方法。

（1）标注钢筋的根数、直径和等级，例如"3φ20"、"5Φ16"。其中：

3、5：表示钢筋安装根数。

φ、Φ：表示钢筋等级符号。

20、16：表示钢筋直径大小（mm）。

（2）标注钢筋的等级、直径和相邻钢筋中心间距，例如"φ8@200"、"Φ16@150"。其中：

φ、Φ：表示钢筋等级符号。

8、16：表示钢筋直径大小（mm）。

@：表示相等中心距符号。

200、150：表示相邻钢筋的中心间距大小（≤200mm、150mm）。

绘制上述钢筋符号有以下两种方法。

① 直接使用 CAD 进行钢筋符号造型绘制，然后将其分别保存为符号图块，在标注时插入符号图块即可，使用命令包括 CIRCLE、LINE、MOVE、COPY、TRIM、MIRROR、BLOCK 等，如图 5.55 所示。

图 5.55　钢筋等级符号绘制步骤及方法

φ—Ⅰ级钢筋图块符号；　　　Φ—Ⅱ级钢筋图块符号；

Φ—Ⅲ级钢筋图块符号；　　　Φ—Ⅳ级钢筋图块符号

② 使用 CAD 钢筋符号专用字体文件（通过购买或网络下载免费字体）。然后把 CAD 钢筋符号专用字体文件复制到 CAD 的安装目录的字体库 Fonts 内。重新启动 CAD 软件，再在 CAD 绘图时使用"TEXT"功能命令（不用 MTEXT），输入如下文字相应的符号（例如Ⅱ级输入"%%131"），并选择 CAD 钢筋符号专用字体文件即可得到相应钢筋符号。

命令：TEXT

当前文字样式："Standard"　文字高度：10.0000　注释性：否

指定文字的起点或 [对正(J)/样式(S)]：

指定高度 <10.0000>：300

指定文字的旋转角度 <0>：0

输入文字内容和对应钢筋符号如下：

%%130：一级钢符号（也可以输入%%C）

%%131：二级钢符号

%%132：三级钢符号

%%133：四级钢符号

%%134：其他特殊钢筋符号

5.4.2 其他特殊符号造型 CAD 快速绘制

在施工图绘制中,经常使用到一些符号,例如标高、箭头等符号造型。有些符号造型通过 TEXT 功能命令输入得到。有些通过绘制得到。

5.4.2.1 标高符号绘制方法

使用 LINE、ERASE、STRETCH、MOVE、SCALE、MIRROR 等功能命令即可完成,同时结合相应的捕捉功能(如中点捕捉),如图 5.56 所示。

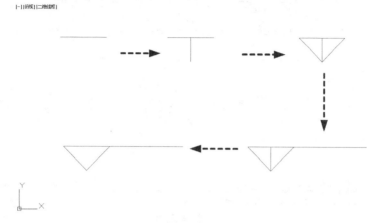

图 5.56 标高符号绘制步骤及方法

5.4.2.2 箭头符号绘制方法

使用 PLINE、STRETCH、MOVE、SCALE 等功能命令即可完成,注意在使用 PLINE 功能命令时需要设置不同的起点宽度和端点宽度即可得到不同箭头造型,如图 5.57 所示。

命令:PLINE
指定起点:
当前线宽为 0.0000
指定下一个点或 [圆弧(A)/半宽(H)/长度(L)/放弃(U)/宽度(W)]:W
指定起点宽度 <0.0000>:600
指定端点宽度 <600.0000>:200
指定下一个点或 [圆弧(A)/半宽(H)/长度(L)/放弃(U)/宽度(W)]:
指定下一点或 [圆弧(A)/闭合(C)/半宽(H)/长度(L)/放弃(U)/宽度(W)]:(回车结束)

图 5.57 箭头符号绘制步骤及方法

5.4.2.3 标高"±"符号造型输入方法

（1）使用 MTEXT 功能命令时，在弹出的对话框中选择"@符号"图标，选择相应的符号表示功能栏即可，如"正/负%%P"，得到"±"符号造型。要输入"±0.000"，输入"%%P0.000"即可。各种符号如图 5.58 所示。

（2）使用 TEXT 功能命令时，输入"%%P"即可得到"±"符号造型。

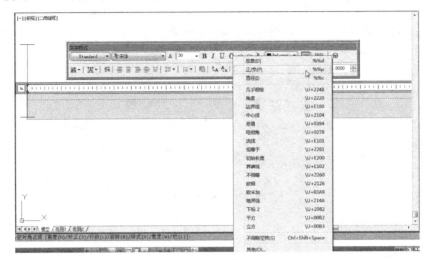

图 5.58　直接插入符号

5.4.2.4 弧线箭头造型绘制方法

先使用 ARC 和 PLINE 功能命令绘制弧线和箭头造型，然后将箭头复制或移动至弧线端部，再旋转箭头即可，如图 5.59 所示。

（a）弧线箭头绘制过程

保留北出土马道

（b）弧线箭头造型应用

图 5.59　弧线箭头造型绘制

第6章

建筑施工组织架构及流程图 CAD 快速绘制

在建筑施工管理工作中，需要制作的文案很多，同时文案中还会有很多表格和图形，例如施工组织架构图、项目管理制度体系图、施工进度计划横道图或网络图、施工工艺流程图等各种图形，使用 Word 等软件绘制，有的比较困难。本章将介绍另外一种绘制方法，使用 CAD 进行前述各种图形的绘制。通过 CAD，各种施工结构图、进度计划和流程图，都可以从容应对，而且会得心应手。

建筑施工组织架构及流程图等各种图形与表格使用 CAD 绘制完成后，还可以将图形从 CAD 软件输出为 JPG/BMP、PDF 格式文件，可以轻松转换到 Word 文档中，方便使用和浏览，具体转换方法在后面的章节中详细介绍。

为便于学习提高 CAD 绘图技能，本书通过互联网相关平台提供本章建筑施工绘制实例的 CAD 图形（dwg 格式图形文件），读者连接互联网后登录到如下地址即可进行案例图形 CAD 文件下载。本案例图形文件仅供学习 CAD 参考。

◆ 百度云盘 http://pan.baidu.com/s/1c9j2YM ，其中"1c9j2YM"中的"1"为数字。

6.1 建筑施工表格及项目组织架构图 CAD 快速绘制

6.1.1 建筑施工表格 CAD 快速绘制

在建筑施工管理工作中会有许多表格要绘制，如图 6.1 所示为建筑施工管理工作文稿中较常见的施工用表格。本节将以如图 6.1（b）所示的表格作为案例，详细介绍如何使用 CAD 快速绘制表格。其他各种表格绘制与此类似。

（1）绘制表格水平和竖直方向的直线各一条。

操作提示：两条直线相互垂直，交于一点更好。直线长度按表格文字需要确定。绘制表格时可以采用一定的比例，也可以不需要比例，到打印或输出 BMP/PDF 其他格式时再设定即可。

操作命令：LINE、CHAMFER 等。

操作参考：如图 6.2 所示。

序号	机械或设备名称	型号规格	数量	国别产地	制造年份	额定功率(kw)	生产能力	用于施工部位	备注
					施工机械配置（部分）			表4-07	
1	潜水泵	3m³/h	40台	国产	2003	0.75w	3m³/h	结构施工	
2	空压机	W-9/7	6台	国产	2003			结构施工	
3	振捣棒		30台	国产	2004	5kw		结构施工	
4	塔吊	F0/23B	1台	国产	2000	75KW	2.3T	结构施工	
5	塔吊	H3/36B	6台	国产	2000	100KW	5.0T/40m	结构施工	
6	混凝土输送泵	HBT80C	4台	国产	2002	132KW		结构施工	
7	钢筋弯曲机	GW40	8台	国产	2003	3KW		结构施工	
8	电焊机	BX-300	10台	国产	2002	22KW		结构施工	
9	直螺纹套丝机	GY-40C	16台	国产	2003	3KW		结构施工	
10	钢筋切割机	GQ50	8台	国产	2003	40KW		结构施工	

（a）施工机械配置表

用 电 设 备 组 名 称		Kx	COS θ	tg θ
			用电项目的需要系数表　　表4-09	
混凝土搅拌机及灰浆搅拌机、地泵、水泵	10台以下	0.7	0.68	1.08
	10台以上	0.6	0.65	1.17
破碎机、筛洗石机、泥浆机、压缩机、输送机、木工机械、夯土机械	10台以下	0.7	0.7	1.02
	10台以上	0.65	0.65	1.17
升机、起重机、挖掘机	10台以下	0.3	0.7	1.02
	10台以上	0.2	0.65	1.17
电焊机及焊接设备	10台以下	0.45	0.45	1.98
	10台以上	0.35	0.4	2.29

（b）用电项目的需要系数表

图 6.1　建筑施工常见表格

图 6.2　绘制水平和竖直方向直线

（2）进行水平方向直线偏移，创建表格行。

操作提示：偏移距离大小根据表格行文字内容需要的大小。行数按表格文字要求的数量。先不要理会表格中行、列如何划分，每一个小格均以一个行、列对待。

操作命令：OFFSET、COPY 等。

操作参考：如图 6.3 所示。

图 6.3　进行水平方向直线偏移

（3）进行竖直方向直线偏移，创建表格列。

操作提示：偏移距离大小根据列表格文字内容需要的大小。列数按表格文字要求的数量。

同样先不要理会表格中行、列如何划分，每一个小格均以一个行、列对待。

操作命令：OFFSET、COPY 等。

操作参考：如图 6.4 所示。

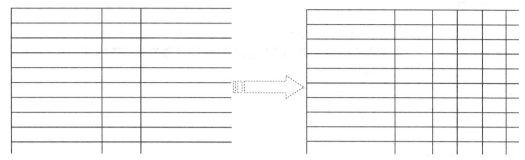

图 6.4　进行竖直方向直线偏移

（4）进行剪切，获得表格。

操作提示：按表格样式进行剪切。

操作命令：TRIM、CHAMFER 等。

操作参考：如图 6.5 所示。

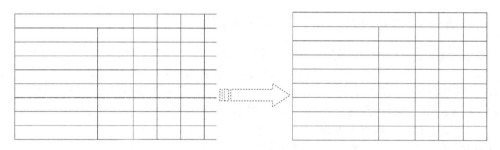

图 6.5　进行剪切，获得表格

（5）标注表格文字。

操作提示：表格文字内容按照文件要求的文字输入，对文字相同或相近的可以进行复制，然后适当局部修改一下即可。字体高度可以进行缩放 SCALE 调整。最后完成如图 6.1（b）所示的表格。可以将 CAD 软件绘制的表格图形输出为其他格式（如 JPG、BMP、PDF 等格式）文件供 Word 文档使用。具体输出方法参考本书相关章节。限于篇幅，在此从略。

操作命令：MTEXT、TEXT、SCALE、MOVE、COPY、MTEDIT、ZOOM、SAVE 等。

操作参考：如图 6.6 所示。

用电设备组名称					
混凝土搅拌机及灰浆搅拌机、地泵、水泵					

用电设备组名称		Kx	cosφ	tgφ
混凝土搅拌机及灰浆搅拌机、地泵、水泵	10台以下	0.7	0.68	1.08

图 6.6　标注表格文字

（6）按需要加粗表格某些线条。

操作提示：如果需要对表格某线条进行加粗，可以使用 PEDIT 功能命令快速实现。

操作命令：PEDIT 等。

操作参考：如图 6.7 所示。

用电设备组名称		Kx	cos∅	tan∅
混凝土搅拌机及灰浆搅拌机、地泵、水泵	10台以下	0.7	0.68	1.08

图 6.7　加粗某些表格线条

6.1.2　建筑施工项目组织架构图 CAD 快速绘制

在建筑施工管理中，有很多架构图、框架图或组织体系图或控制图等相关图形要绘制（如图 6.8 所示）。本节以常见的某项目消防组织机构架构图为例[图 6.8（c）]，介绍其图 CAD 绘制方法。其他类似的架构图、框架图、体系图、组织图、控制图等图形（如项目组织机构图、项目文明施工保证体系框架图、工程施工质量控制图等），都可以按此方法进行快速绘制。

（1）先绘制第一个长方形方框。

操作提示：方框大小按照文字内容确定。

操作命令：LINE、OFFSET、TRIM、CHAMFER、RECTANG、PLINE 等。

操作参考：如图 6.9 所示。

（a）某项目的组织机构图

（b）某项目文明施工保证体系框架图

（c）某项目消防组织机构架构图

图 6.8　常见建筑施工项目各种架构图

图 6.9　绘制第一个长方形方框

（2）在方框下中部绘制直线和箭头。

操作提示：箭头造型使用 PLINE 功能命令，设置不同的线宽大小（其中末端为 0 线宽），详细绘制方法参考前面相关章节。

操作命令：LINE、PLINE、MOVE、SCALE 等。

操作参考：如图 6.10 所示。

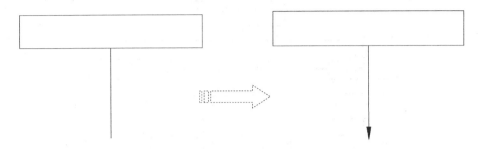

图 6.10　在方框下中部绘制直线和箭头

（3）绘制箭头一端方框。

操作提示：复制方框到箭头一端，方框大小通过拉伸调整。

操作命令：COPY、MIRROR、STRETCH、MOVE 等。

操作参考：如图 6.11 所示。

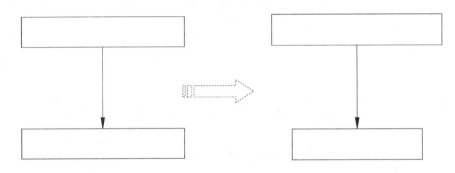

图 6.11　绘制箭头一端方框

（4）复制下侧方框。

操作提示：然后往下移动一定距离供绘制连接线及箭头。

操作命令：COPY、MOVE 等。

操作参考：如图 6.12 所示。

图 6.12　复制下侧方框

（5）绘制下一级箭头线。

操作提示：直线长度至外侧方框中部位置。

操作命令：LINE 等。

操作参考：如图 6.13 所示。

（6）复制箭头及直线造型。

操作提示：以箭头端点为复制基点，线段长度不合适可以拉伸或剪切。

图 6.13　绘制下一级箭头线

操作命令：COPY、STRETCH、TRIM、EXTEND 等。

操作参考：如图 6.14 所示。

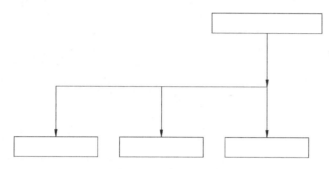

图 6.14　复制箭头及直线造型

（7）进行镜像得到对称部分造型。

操作提示：　以中间直线作为镜像轴线位置，若不对称，可以通过删除或复制进行增减方框数量。

操作命令：MIRROR 等。

操作参考：如图 6.15 所示。

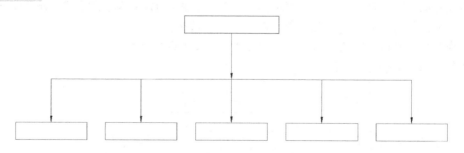

图 6.15　进行镜像得到对称部分造型

（8）绘制第二道方框下连接线。

操作提示：连接线连接及指向按照架构图设置确定。

操作命令：LINE、CHAMFER、COPY、MIRROR、TRIM 等。

操作参考：如图 6.16 所示。

（9）绘制第三道方框及连接线。

操作提示：对相同的方框及箭头等图形可以通过复制快速得到。

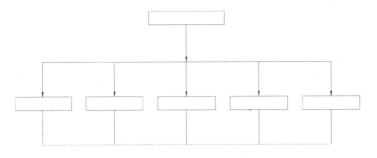

图 6.16　绘制第二道方框下连接线

操作命令：COPY、MOVE、STRETCH 等。

操作参考：如图 6.17 所示。

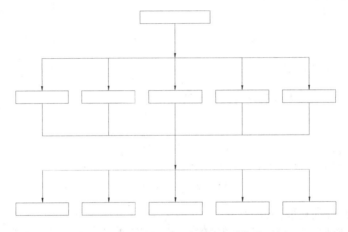

图 6.17　绘制第三道方框及连接线

（10）标注方框内文字。

操作提示：文字内容按架构图设置确定的内容，最后得到如图 6.8（c）所示的架构图图形。完成 CAD 图形后，可以将架构图输出 JPG、BMP、PDF 等格式文件供 Word 文档使用。具体输出方法参考本书相关章节。限于篇幅，在此从略。

操作命令：MTEXT、TEXT、SCALE、MOVE、COPY 等。

操作参考：如图 6.18 所示。

图 6.18　标注方框内文字

（11）根据需要可以加粗架构图部分线条。

操作提示：使用 PEDIT 功能命令即可根据需要加粗部分线条。

操作命令：PEDIT 等。

操作参考：如图 6.19 所示。

图 6.19　加粗架构图部分线条

6.1.3　建筑施工工艺流程图 CAD 快速绘制

本节介绍建筑施工工艺流程图 CAD 绘制。

操作提示：以如图 6.20 所示的钢筋滚压直螺纹连接工艺流程图作为案例，说明使用 CAD 绘制工艺流程图的方法和技巧。

操作命令：无。

操作参考：如图 6.20 所示。

图 6.20　建筑施工工艺流程图

（1）绘制任意大小的矩形。

操作提示：通过拉伸调整为合适大小的矩形。

操作命令：PLINE、RECTANG、STRETCH 等。

操作参考：如图 6.21 所示。

图 6.21　绘制矩形

（2）绘制水平方向连接线与箭头指向。

操作提示：连接线起点位于矩形侧面中部。箭头指向使用 PLINE 功能命令设置不同线宽即可（末端线宽设置为 0）。

操作命令：LINE、PLINE、MOVE、TRIM、STRETCH 等。

操作参考：如图 6.22 所示。

图 6.22　绘制水平方向连接线与箭头指向

（3）绘制下一级流程图连接线及方框等。

操作提示：方框和箭头可以复制得到。

操作命令：LINE、PLINE、TRIM、STRETCH、COPY、MOVE 等。

操作参考：如图 6.23 所示。

图 6.23　绘制下一级流程图连接线及方框等

（4）继续绘制第二级流程图的方框等。

操作提示：可以通过复制或镜像快速得到第二级流程图的方框图形。第二级流程图的方框数量按照工艺要求设置。

操作命令：COPY、MIRROR、MOVE 等。

操作参考：如图 6.24 所示。

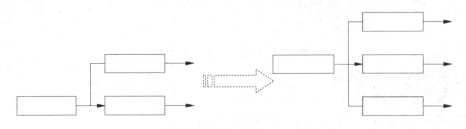

图 6.24　继续绘制第二级流程图的方框等

（5）按上述方法绘制流程图各个位置的方框及连接线造型。

操作提示：对位置空间不合适的，可以通过移动或拉伸进行调整。

操作命令：LINE、PLINE、COPY、MOVE、STRETCH、MIRROR 等。

操作参考：如图 6.25 所示。

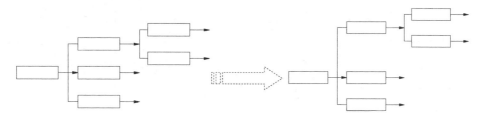

图 6.25　绘制流程图各个位置的方框及连接线造型

（6）完成整个流程图方框及连接线造型绘制。

操作提示：流程图结构样式按照施工工艺的特点和要求确定。

操作命令：LINE、PLINE、COPY、MOVE、STRETCH、MIRROR 等。

操作参考：如图 6.26 所示。

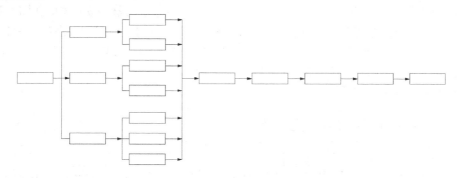

图 6.26　完成整个流程图方框及连接线造型绘制

（7）若觉得工艺流程图偏长，可以调整后面等级的方框及连接线位置。

操作提示：调整方法按照个人喜欢的样式进行即可。

操作命令：MOVE、ROTATE 等。

操作参考：如图 6.27 所示。

（8）标注工艺流程图文字。

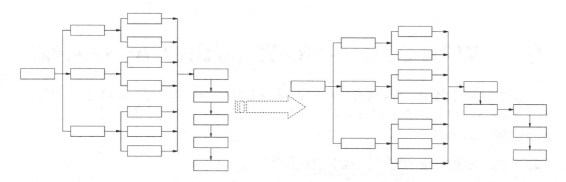

图 6.27　调整后面等级的方框及连接线位置

操作提示： 文字内容按照施工工艺要求。

操作命令： MTEXT、TEXT、MOVE、SCALE、COPY、MTEDIT 等。

操作参考： 如图 6.28 所示。

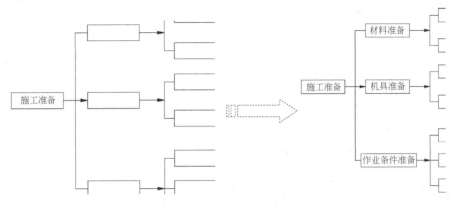

图 6.28　标注工艺流程图文字

（9）对文字与方框大小有冲突的地方进行调整。

操作提示： 可以利用缩小文字高度、扩大方框大小等方法调整。最后完成如图 6.29 所示的钢筋滚压直螺纹连接工艺流程图。完成 CAD 图形后，可以将 CAD 流程图输出 JPG、BMP、PDF 等格式文件供 Word 文档使用。具体输出方法参考本书相关章节。限于篇幅，在此从略。

操作命令： SCALE、STRETCH、MOVE、COPY、TRIM 等。

操作参考： 如图 6.29 所示。

图 6.29　对文字与方框大小有冲突的地方进行调整

6.2　建筑施工进度计划横道图及网络图 CAD 快速绘制

在建筑施工管理中，施工进度计划的制订和绘制是必不可少的环节，施工进度计划最为常见的图是施工进度计划横道图和网络图。本节将详细介绍如何使用 CAD 快速绘制施工进度计划横道图和网络图。

6.2.1　施工进度计划横道图 CAD 快速绘制

本节以如图 6.30 所示某住宅楼施工进度计划横道图作为案例进行讲解。

操作提示：其他项目各种横道图绘制方法与此相同。此横道图仅作为学习 CAD 使用，不作为工程实际进度计划表使用。

操作命令：无。

操作参考：如图 6.30 所示。

图 6.30　某项目住宅楼横道图

（1）绘制横道图范围表格。

操作提示：横道图按照实际工程要求确定其范围大小。表格绘制方法参考第 6.1 节的介绍，限于篇幅，其具体绘制过程在此从略。

操作命令：LINE、RECTANG、PLINE、OFFSET、TRIM、CHAMFER、STRETCH、COPY、MOVE、MIRROR、ZOOM、PAN、SAVE 等。

操作参考：如图 6.31 所示。

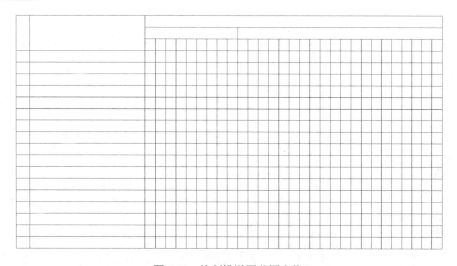

图 6.31　绘制横道图范围表格

（2）可根据需要将表格其中某些线条加粗。同时将部分线条线型修改为虚线。

操作提示：使用 PEDIT 功能加粗，也可以使用 PLINE 绘制宽度线加粗。修改线型方法参考前面相关章节的描述。

操作命令：PEDIT、PLINE、COPY、TRIM、STRETCH 等。

操作参考：如图 6.32 所示。

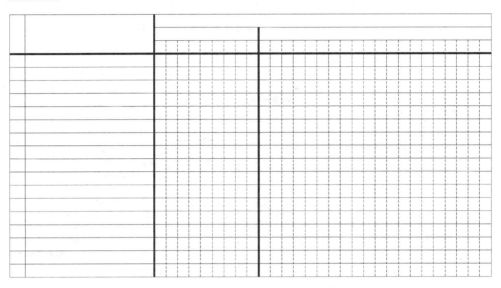

图 6.32　可根据需要将表格其中某些线条加粗

（3）标注表格中的相关说明文字及序号等。

操作提示：说明文字按照实际工程要求确定，对文字数比较多的建议使用 MTEXT 功能命令。

操作命令：TEXT、MTEXT、MOVE、SCALE、COPY 等。

操作参考：如图 6.33 所示。

住宅楼（8号楼）施工进度计划表

工程名称：***机械股份有限公司住宅楼　　　　　　　　　　　　　　　　　　　　　编制日期：2012年6月12日

序号	分项工程名称 1～13/G～K	人员及工期安排日期排列横道																										
		7月份								8月份																		
		23	24	25	26	27	28	29	30	31	1	2	3	4	5	6	7	8	9	10	11	12	13	14	15	16	17	18	19	20
1	一层柱、梁、板、梯模板支撑架拆除																											
2	一层-0.300以下室内回填土																											
3	一层框架柱植筋																											
4	一层墙体砌块砌筑																											
5	二层柱、梁、板、梯模板支撑架拆除																											
6	二层框架柱植筋																											
7	二层墙体砌块砌筑																											
8	三层柱、梁、板、梯模板支撑架拆除																											
9	三层框架柱植筋																											
10	三层墙体砌块砌筑																											
11	四层柱、梁、板、梯模板支撑架拆除																											
12	四层框架柱植筋																											
13	四层墙体砌块砌筑																											
14	五层柱、梁、板、梯模板支撑架拆除																											
15	五层框架柱植筋																											
16	五层墙体砌块砌筑																											

注：若甲方不按合同约定付工程款，工期相应顺延。　　　　　　　　　　　　　　　　　***集团建设有限公司　　　2012.6.12

图 6.33　标注表格中的相关说明文字及序号等

（4）绘制各个工序的计划横道图线。

操作提示：施工工序的进度计划按照工程要求。使用 PLINE 功能命令绘制一定宽度线，长度可以任意长，然后进行剪切即可。

操作命令：PLINE、TRIM、STRETCH 等。

操作参考：如图 6.34 所示。

图 6.34　绘制各个工序的计划横道图线

（5）继续进行下一道施工工序的横道图线绘制。

操作提示：绘制方法同前所述。

操作命令：PLINE、TRIM、STRETCH 等。

操作参考：如图 6.35 所示。

工程名称：***股份有限公司住宅楼

序号	分项工程名称 1~13/G~K	7月份										
		23	24	25	26	27	28	29	30	31	1	2
1	一层柱、梁、板、梯模板支撑架拆除	▬	▬									
2	一层-0.300以下室内回填土			▬								
3	一层框架柱植筋				▬							
4	一层墙体砌块砌筑					▬	▬	▬				
5	二层柱、梁、板、梯模板支撑架拆除								▬	▬		
6	二层框架柱植筋											
7	二层墙体砌块砌筑											
8	三层柱、梁、板、梯模板支撑架拆除											
9	三层框架柱植筋											

图 6.35　继续进行下一道施工工序的横道图线绘制

（6）按照前述方法绘制完成所有施工工序的横道图线。

操作提示：各个施工工序进度计划按照实际工程要求的进度时间确定。

操作命令：PLINE、TRIM、STRETCH、ZOOM、PAN、SAVE 等。

操作参考：如图 6.36 所示。

（7）可以在横道图线上标注时间说明文字。

操作提示：最后得到某住宅楼施工进度横道图。

图 6.36　绘制完成所有施工工序的横道图线

操作命令：TEXT、SCALE、MOVE、COPY、SAVE 等。

操作参考：如图 6.37 所示。

图 6.37　在横道图线上标注时间说明文字

6.2.2　施工进度计划网络图 CAD 快速绘制

本节以如图 6.38 所示某高层住宅楼施工进度计划网络图作为案例进行讲解。

操作提示：其他项目各种进度计划网络图的绘制方法与此相同。此网络图仅作为学习 CAD 使用，不作为工程实际进度计划表使用。因网络图图形较大，文字或图形可能比较小，建议使用 CAD 软件打开配套光盘中该图形的 dwg 格式文件对照学习。

操作命令：无。

操作参考：如图 6.38 所示。

图 6.38 某项目施工总进度计划网络图

（1）绘制网络图范围表格图形。

操作提示：网络图大小按照实际工程要求确定其范围大小。其表格绘制方法参考第 6.1 节的介绍，限于篇幅，其具体绘制过程在此从略。此外，可以将部分线条颜色设置为浅灰色（在图层对话框中可以修改），目的是便于后面绘制网络图图形。

操作命令：LINE、PLINE、OFFSET、CHAMFER、TRIM、COPY、MIRROR、EXTEND、STRETCH、ZOOM、SAVE、PAN、LENGTHEN 等。

操作参考：如图 6.39 所示。

图 6.39 绘制网络图范围表格图形

（2）标注网络图表格中的相关说明文字及序号等。

操作提示：网络图表格中的说明文字按照实际工程要求确定（包括图名、进度日期时间、备注说明等相关文字），对文字数比较多的建议使用 MTEXT 功能命令。

操作命令：MTEXT、TEXT、COPY、SCALE、MOVE、MTEDIT、ROTATE 等。

操作参考：如图 6.40 所示。

（3）绘制小圆作为网络节点图形，并绘制指向箭头。

操作提示：圆形大小按整个网络表格大小比例确定。箭头造型使用 PLINE 功能命令设置不同线宽（末端线宽为 0）快速得到。

操作命令：CIRCLE、SCALE、MOVE、LINE、TRIM、PLINE、STRETCH 等。

操作参考：如图 6.41 所示。

（4）复制圆形和箭头造型，创建下一级网络节点图。

操作提示：网络布局按照工程施工要求的流水段、流程、工艺、工序、劳动力、机械设备配置及工期要求等特点设置。注意节点位置与时间日期对应，不对应可以通过移动进行调整。

操作命令：COPY、MOVE、STRETCH、TRIM 等。

操作参考：如图 6.42 所示。

图 6.40　标注网络图表格中的相关说明文字及序号等

图 6.41　绘制小圆作为网络节点图形并绘制箭头

图 6.42　创建下一级网络节点图

（5）创建分支线网络线节点。

操作提示：从节点引出线段，箭头和圆形可以复制得到，若箭头方向不同，可以旋转得到。支线网络线节点布置依据工程工艺流程、项目工序、流水段等确定。

操作命令：LINE、MOVE、TRIM、CHAMFER、COPY、ROTATE、STRETCH、ZOOM、SAVE、PAN 等。

操作参考：如图 6.43 所示。

图 6.43　创建分支线网络线节点

（6）对网络图节点中自由时差的线段，修改为其他线型（如波段折线）。

操作提示：线段宜分为多段绘制，可以方便修改部分线段线型。线型修改方法参考前面章节论述，在此从略。

操作命令：LAYER、LINE、LINTYPE、TRIM、EXTEND、ZOOM 等。

操作参考：如图 6.44 所示。

图 6.44　修改线型（如波段折线）

（7）继续绘制施工进度计划网络图其他进度节点及分支，完成进度网络各个节点及支线绘制。

操作提示：其他位置的节点及分支图形绘制方法同前所述。

操作命令：LINE、PLINE、TRIM、CHAMFER、COPY、MOVE、ROTATE、STRETCH、ZOOM、PAN、OFFSET、MIRROR、SAVE 等。

操作参考：如图 6.45 所示。

（8）对里程碑进度节点绘制红旗标识符号（或其他符号如三角旗符号）。

操作提示：红旗通过偏移功能快速得到平行四边形。

操作命令：LINE、OFFSET、TRIM、CHAMFER、EXTEND、ROTATE、ZOOM 等。

操作参考：如图 6.46 所示。

（9）其他位置里程碑进度节点符号通过复制快速得到。

图 6.45　完成进度网络各个节点及支线绘制

操作提示：红旗通过图案填充功能填充为红色实心图案。位置里程碑进度节点按照施工

图 6.46　绘制红旗标识符号

进度计划确定的节点位置布置。

操作命令：HATCH、COPY 等。

操作参考：如图 6.47 所示。

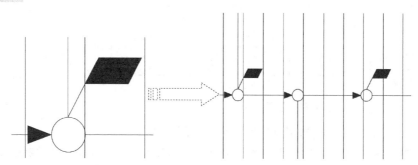

图 6.47　复制其他位置里程碑进度节点符号

（10）标注进度节点编号。

操作提示：编号一般从起点开始。

操作命令：TEXT、MOVE、SCALE、COPY 等。

操作参考：如图 6.48 所示。

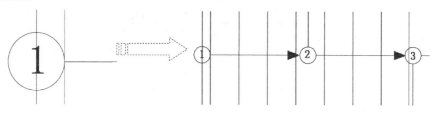

图 6.48　标注进度节点编号

（11）标注各个节点段的施工工艺或结构部位名称。

操作提示：对文字较多建议使用 MTEXT 功能命令标注。

操作命令：MTEXT、TEXT、SCALE、MOVE、COPY、ZOOM、SAVE 等。

操作参考：如图 6.49 所示。

图 6.49　标注各个节点段的施工工艺或结构部位名称

（12）继续进行各个节点段的相关文字或说明标注。

操作提示：相关说明文字按照施工进度及工艺、流水段等要求确定其内容。

操作命令：MTEXT、TEXT、SCALE、MOVE、COPY、ZOOM、PAN、SAVE 等。

操作参考：如图 6.50 所示。

图 6.50　进行各个节点段的相关文字或说明标注

（13）完成某高层住宅楼施工总进度计划网络图。

操作提示：　在绘制中及时修改。绘制完成后，可以将 CAD 软件绘制的表格图形输出为其他格式（如 JPG、BMP、PDF 等格式）文件供 Word 文档使用。具体输出方法参考本书相关章节。限于篇幅，在此从略。

操作命令：PLOT、EXPORT、COPYCLIP、PASTECLIP、ZOOM、SAVE 等。

操作参考：如图 6.51 所示。

住宅小区12号楼
施工总进度计划网络图

图 6.51　某高层住宅楼施工总进度计划网络图

第7章

建筑施工总平面布置图 CAD 快速绘制

本章以建筑施工管理工作中常见建筑施工总平面布置图（如图 7.1 所示为某项目施工总平面布置图底图）为例，介绍其 CAD 快速绘制方法。建筑施工总平面布置的原则包括：有效利用场地的使用空间；科学规划现场施工道路；最大限度减少和避免对周边环境的影响，满足安全生产、文明施工、方便生活和环境保护的要求；做好对总平面的分配和统一管理，协调各专业对总平面的使用，并对施工区域和周边各种公用设施加以保护等。

为便于学习提高 CAD 绘图技能，本书通过互联网相关平台提供本章建筑施工绘制实例的 CAD 图形（dwg 格式图形文件），读者连接互联网后登录到如下地址即可进行案例图形 CAD 文件下载。本案例图形文件仅供学习 CAD 参考。

◆ 百度云盘 http://pan.baidu.com/s/1jIAVboy ，其中"1jIAVboy"中的第 1 个"1"为数字，第 2 个"I"为字母。

7.1 施工总平面布置图现状及施工围墙 CAD 快速绘制

本节介绍建筑施工总平面布置图中的现状图形调用修改及施工围墙图线 CAD 绘制方法。

7.1.1 施工总平面位置现状图 CAD 快速绘制

一般由建设单位提供的测绘现状平面图或设计总平面图作为施工总平面图修改底图。

操作提示：若没有上述图纸，可以根据项目设计蓝图的总平面图提供的数据（尺寸、坐标等），进行位置图绘制。删除不需要的图形图线、文字、尺寸等，保留内容根据施工需要确定（如建设用地红线、周边市政道路及名称等）。

操作命令：OPEN、NEW、SAVE AS 等。

操作参考：如图 7.2 所示。

施工总平面布置底图

图 7.1　某项目施工总平面布置图底图

图 7.2　修改前项目现状平面图

修改后的总平面布置图的底图。

操作提示：删除大部分图形内容，仅保留红线、市政道路等部分内容（具体哪些内容保留，根据实际工程情况确定）。

操作命令：ZOOM、ERASE、PAN、SAVE 等。

操作参考：如图 7.3 所示。

施工总平面布置底图

图 7.3　修改后的总平面布置图的底图

7.1.2　建筑总平面施工围墙图 CAD 快速绘制

（1）按施工场地范围外边界线功能绘制围墙轮廓。

操作提示：施工场地围墙按照实际施工能够利用的场地范围进行绘制。此外，所有围墙面上严格按建设单位、施工单位的 CI（Corporate Identity，企业标志）标准做好 CI 规划布置。

操作命令：PLINE、LINE、CHAMFER、TRIM 等。

操作参考：如图 7.4 所示。

（2）围墙轮廓线设置为新的线型。

操作提示：将围墙轮廓线设置为新的线型，按喜好的线型选择。线型修改方法使用 LINETYPE 等功能命令或下拉菜单命令选项执行即可。

操作命令：LINETYPE、LAYER 等。

操作参考：如图 7.5 所示。

图 7.4　按施工边界线绘制围墙轮廓

图 7.5　修改围墙轮廓线线型

（3）绘制围墙入口大门。

操作提示：围墙入口大门位置及大小按照现状路由情况及交通管理政府部门的要求进行设置。先绘制水平方向的门造型，对门位置倾斜的可以旋转得到。

操作命令：CIRCLE、PLINE、RECTANG、TRIM、MIRROR 等。

操作参考：如图 7.6 所示。

（4）按照门位置的方向旋转门造型。

操作提示：移动调整其位置。

图 7.6　先绘制水平方向的门造型

操作命令：MOVE、ROTATE、SCALE 等。

操作参考：如图 7.7 所示。

图 7.7　旋转布置大门造型

（5）剪切大门位置的围墙图线。

操作提示：可以绘制两条辅助线进行剪切，完成后删除即可。

操作命令：LINE、OFFSET、TRIM、EASE 等。

操作参考：如图 7.8 所示。

图 7.8　剪切大门位置的围墙图线

（6）绘制门卫岗亭造型轮廓。

操作提示：先按水平方向绘制，然后旋转与大门平行即可。

操作命令：PLINE、LINE、OFFSET、TRIM、ROTATE、MOVE 等。

操作参考：如图 7.9 所示。

图 7.9　绘制门卫岗亭造型轮廓

（7）另外位置的围墙大门按相同方法绘制。

操作提示：完成施工围墙及大门绘制，可以标注一些说明文字。围墙其他一些内容绘制可按实际情况添加即可。

操作命令：PLINE、LINE、OFFSET、TRIM、ROTATE、MOVE、EASE、COPY 等。

操作参考：如图 7.10 所示。

图 7.10　完成施工围墙及大门绘制

7.2　施工总平面图中主体建筑及塔吊布置CAD快速绘制

本节介绍建筑施工总平面布置图中的主体建筑及施工塔吊布置 CAD 绘制方法。

7.2.1　施工总平面主体建筑布置 CAD 快速绘制

（1）绘制主体建筑首层平面图外墙轮廓线。

操作提示：主体建筑外轮廓线按照建筑首层平面图的外墙轮廓进行绘制。可以通过复制或绘制首层外墙轮廓线快速得到。同时可以保留主体建筑的一些主要建筑特征，例如核心筒、一些凸出造型或屋面造型等，可根据个人爱好选择使用。

操作命令：OPEN、ERASE、SAVEAS、PLINE、OFFSET、TRIM、STRETCH、CHAMFER、COPY 等。

操作参考：如图 7.11 所示。

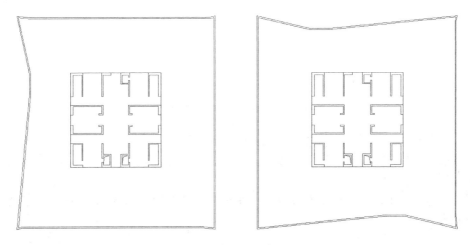

图 7.11　绘制主体建筑首层平面图外墙轮廓线

（2）将主体建筑首层平面图外墙轮廓线复制或插入到施工总平面布置图。

操作提示：此时应利用建筑红线与主体建筑的轴线关系进行定位，确定主体建筑在施工总平面布置图中的准确位置。

操作命令：OPEN、COPYCLIP、PASTECLIP、MOVE、ROTATE、INSERT 等。

操作参考：如图 7.12 所示。

图 7.12　布置主体建筑

（3）绘制主体建筑关键轴线及编号。

操作提示：主体建筑关键轴线及编号按照建筑平面图确定的轴线及编号。主体建筑其他相关内容可以根据需要绘制。

操作命令：CIRCLE、COPY、TEXT、MTEXT、MTEDIT、ZOOM、PAN 等。

操作参考：如图 7.13 所示。

图 7.13 绘制主体建筑关键轴线及编号

7.2.2 施工总平面施工塔吊布置 CAD 快速绘制

（1）施工塔吊布置规划方案设计及分析。

操作提示：施工塔吊布置根据工程实际需要确定（包括场地条件、建筑规模、建筑结构形式、工程量、工程进度要求和吊装运输工程量等各种相关条件）。此外，塔吊布置需满足水平及垂直运输的覆盖需要，任意需要角落有塔吊能够到达。分析比较方法是在平面图绘制圆形，圆形以塔吊臂长为半径，所有圆形之间没有空隙为最低要求。

操作命令：CIRCLE、MOVE、SCALE、ZOOM、PAN 等。

操作参考：如图 7.14 所示。

图 7.14 施工塔吊布置规划方案设计及分析

（2）布置塔吊造型。

操作提示：塔吊基座布置位置是各个圆形的圆心位置。塔吊基座造型方向变化可以通过旋转得到。

操作命令：PLINE、LINE、CHAMFER、TRIM、ROTATE、MOVE 等。

操作参考：如图 7.15 所示。

图 7.15　布置塔吊造型

（3）创建塔吊塔臂造型并标注名称。

操作提示：塔吊塔臂造型仅为示意，可以自由发挥，形似即可。

操作命令：LINE、TRIM、STRETCH、COPY、MIRROR、CHAMFER、MOVE、ROTATE、ZOOM、SAVE 等。

操作参考：如图 7.16 所示。

图 7.16　创建塔吊塔臂造型并标注名称

（4）绘制其他位置塔吊相关造型。

操作提示：其他位置塔吊相关造型通过复制、缩放等快速得到。

操作命令：COPY、STRTETCH、SCALE、SAVE 等。

操作参考：如图 7.17 所示。

（5）完成施工总平面图塔吊布置。

操作提示：对不合适的塔吊位置进行调整。

操作命令：MOVE、SAVE 等。

操作参考：如图 7.18 所示。

图 7.17　绘制其他位置塔吊相关造型

图 7.18　完成塔吊布置

7.3　施工总平面图场区道路 CAD 快速绘制

　　本节介绍建筑施工总平面布置图中的临时交通道路及车辆进出清洁池造型 CAD 绘制方法。道路布置要按照施工现场场地情况及使用要求综合考虑，需要满足车辆通行及消防等相关要求。

7.3.1　施工总平面场区临时道路 CAD 快速绘制

（1）从大门开始绘制道路。

操作提示：道路宽度一般单车道约为 3.5~4m，双车道为 7m，根据通行车辆大小及场地空间等设置。绘制时可以通过图层功能关闭部分图形不显示，便于绘制。转弯半径弧形通过倒圆角（FILLET）功能快速实现。

操作命令：LINE、OFFSET、STRETCH、FILLET、TRIM、MOVE、ROTATE、ZOOM、SAVE 等。

操作参考：如图 7.19 所示。

图 7.19　从大门开始绘制道路

（2）继续进行道路绘制。

操作提示：道路走向按大门及场地各种临建计划布置的情况确定。

操作命令：LINE、OFFSET、STRETCH、FILLET、TRIM、ZOOM、CHAMFER、MOVE、ROTATE、SAVE 等。

操作参考：如图 7.20 所示。

图 7.20　继续进行道路绘制

（3）完成施工总平面图场地道路绘制。

操作提示：该案例部分区域受场地限制，只有利用外围市政道路作为临时交通及消防道路。

操作命令：ZOOM、MOVE、ROTATE、PAN、SAVEAS、SAVE 等。

操作参考：如图 7.21 所示。

图 7.21　完成施工总平面图场地道路绘制

7.3.2　施工总平面中车辆清洁池造型 CAD 快速绘制

（1）绘制清洁池轮廓。

操作提示：清洁池布置在大门入口处，用来清洁进出运输车辆，防止车辆在市政道路上遗撒垃圾。大小比最大车辆要大。其造型仅为示意。

操作命令：PLINE、RECTANF、LINE、OFFSET、TRIM、CHAMFER、MIRROR、MOVE、ZOOM、PAN 等。

操作参考：如图 7.22 所示。

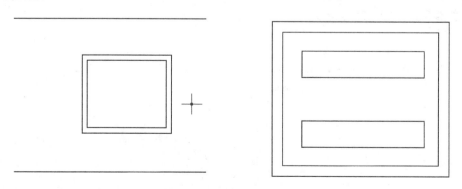

图 7.22　绘制清洁池轮廓

（2）清洁池图案造型填充。

操作提示：填充图案时注意角度选择，水平和竖直方向的图形分开填充。图案造型按个人爱好选择即可。

操作命令： HATCH 等。

操作参考： 如图 7.23 所示。

图 7.23　清洁池图案造型填充

（3）选择其他图案填充池内坡道。

操作提示： 绘制辅助水池造型轮廓。

操作命令： HATCH、LINE、OFFSET、TRIM、MOVE、STRETCH 等。

操作参考： 如图 7.24 所示。

图 7.24　选择其他图案填充池内坡道

（4）创建总平面图其他入口大门的清洁池造型。

操作提示： 通过复制、旋转快速得到。

操作命令： COPY、MOVE、ROTATE、SAVE 等。

操作参考： 如图 7.25 所示。

图 7.25　创建总平面图其他入口大门的清洁池造型

7.4 施工总平面图中临时建筑布置 CAD 快速绘制

本节介绍建筑施工总平面布置图中的临时建筑（如工地办公室、工人宿舍等）布置 CAD 绘制方法。

7.4.1 施工现场临时办公及宿舍等布置 CAD 快速绘制

（1）绘制工人宿舍临建轮廓。

操作提示：工人宿舍临建按照规划布局位置绘制。

操作命令：LINE、OFFSET、PLINE、TRIM、STRETCH、MOVE、COPY、CHAMFER 等。

操作参考：如图 7.26 所示。

图 7.26　绘制工人宿舍临建轮廓

（2）绘制办公临建轮廓。

操作提示：其他各种临建绘制相同。

操作命令：LINE、OFFSET、PLINE、TRIM、STRETCH、MOVE、COPY、CHAMFER 等。

操作参考：如图 7.27 所示。

图 7.27　绘制办公临建轮廓

（3）标注临建名称。

操作提示：按照临建的用途标注其名称。

操作命令：TEXT、MTEXT、COPY、MTEDIT、SCALE、ROTATE 等。

操作参考：如图 7.28 所示。

图 7.28　标注临建名称

7.4.2　施工现场生产加工及工棚布置 CAD 快速绘制

（1）绘制布置钢筋加工工棚等各种生产加工场地。

操作提示：施工现场生产加工及工棚包括钢筋加工、木工加工、材料堆放、库房、机电加工场等各种施工场所。各种加工场地轮廓仅为示意。

操作命令：LINE、OFFSET、TRIM、ROTATE、PLINE、STRETCH、CHAMFER、TEXT、MOVE、SCALE、COPY、MTEDIT、ZOMM、SAVE 等。

操作参考：如图 7.29 所示。

图 7.29　绘制布置钢筋加工工棚等各种生产加工场地

（2）布置施工管理办公临时停车和运动场地。

操作提示：施工管理办公临时停车和运动场地根据场地情况设置。车辆图形使用已有图形图库，打开图库复制粘贴即可。

操作命令：OPEN、COPYCLIP、PASTECLIP、SCALE、ROTATE、MOVE、COPY 等。

操作参考：如图 7.30 所示。

图 7.30　布置施工管理办公临时停车和运动场地

（3）布置绿地，填充相应图案。

操作提示：施工场地内绿地根据实际条件布置。

操作命令：ARC、LINE、TRIM、HATCH、SAVE 等。

操作参考：如图 7.31 所示。

图 7.31　布置绿地

7.5　施工总平面图场区临水临电布置 CAD 快速绘制

本节介绍建筑施工总平面布置图中的施工用的临时用水用电布置 CAD 绘制方法。临水临电布置要按照施工现场设备场地情况及使用要求综合考虑，需要满足消防等相关要求。

7.5.1　施工总平面场区施工用水布置 CAD 快速绘制

（1）先绘制一些供水的阀门开关、消火栓等造型。

操作提示：造型的名称及类型参见第 7.6 节图例中的说明。阀门开关造型在后面直接复制、旋转使用即可。施工临时用水包括施工消防用水。

操作命令：LINE、CIRCLE、OFFSET、TRIM、STRETCH、MOVE、ROTATE、HATCH、EXTEND、CHAMFER、ZOOM 等。

操作参考：如图 7.32 所示。

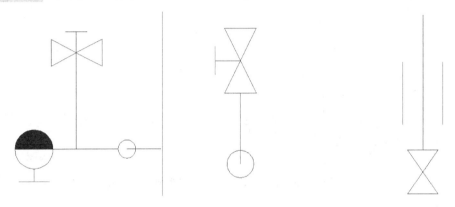

图 7.32　一些供水的阀门开关造型

（2）绘制施工用水的水源位置造型。

操作提示：施工用水的水源位置造型按工程实际供水入口位置。供水管线线型可以设置为虚线或其他线型。

操作命令：CIRCLE、TEXT、SCALE、MOVE 等。

操作参考：如图 7.33 所示。

图 7.33　绘制施工用水的水源位置造型

（3）继续绘制供水管线及相关阀门、消防栓等造型。

操作提示：按照施工使用需要绘制供水管线及相关阀门、消防栓等造型。

操作命令：LINE、PLINE、TRIM、OFFSET、CHAMFER、STRETCH、ROTATE、MATCHPROP 等。

操作参考：如图 7.34 所示。

图 7.34　继续绘制供水管线等造型

（4）完成建筑施工总平面施工用水布置。

操作提示：继续按照施工需要布置供水管线等，直至完成所有管线等造型绘制。在绘制时为方便观察图形，可将部分图形图层关闭。

操作命令：LINE、PLINE、TRIM、OFFSET、CHAMFER、STRETCH、ROTATE、MATCHPROP 等。

操作参考：如图 7.35 所示。

图 7.35　完成建筑施工总平面施工用水布置

7.5.2　施工总平面场区施工用电布置 CAD 快速绘制

（1）创建变压器造型。

操作提示：施工用电的变压器布置位置按照实际外电进线位置。

操作命令：PLINE、CIRCLE、COPY、MOVE、ROTATE、LINE、OFFSET 等。

操作参考：如图 7.36 所示。

图 7.36　创建变压器造型

（2）从变压器绘制引出电源线，供办公等使用。

操作提示：同时绘制第一级配电箱造型。线路走向根据现场施工场地情况确定。

操作命令：PLINE、LINE、TRIM、CHAMFER、ROTATE、HATCH 等。

操作参考：如图 7.37 所示。

图 7.37　从变压器绘制引出电源线

（3）从第一级配电箱引出供各个临建使用的第二级配电箱。

操作提示：第二级配电箱布置位置按照现场情况确定。

操作命令：PLINE、LINE、TRIM、CHAMFER、ROTATE、HATCH 等。

操作参考：如图 7.38 所示。

（4）继续绘制其他位置临建的第二级配电箱及线路。

操作提示：绘制方法与前同。图形相同的可以通过复制快速得到。

操作命令：PLINE、LINE、TRIM、CHAMFER、ROTATE、HATCH 等。

操作参考：如图 7.39 所示。

图 7.38　引出供各个临建使用的第二级配电箱

图 7.39　继续绘制其他位置临建的第二级配电箱及线路

（5）完成建筑施工总平面施工用电布置图。

操作提示：关闭了其中一些图层，便于观察临电图形绘制情况。

操作命令：ZOOM、SAVE 等。

操作参考：如图 7.40 所示。

图 7.40　完成建筑施工总平面施工用电布置图

7.6 建筑施工总平面图图例 CAD 快速绘制

建筑施工总平面图图例按照前面绘制的各种图形，进行列表说明。

（1）先绘制图例表格。

操作提示：表格形状和行列数量按内容确定。

操作命令：LINE、OFFSET、TRIM、COPY 等。

操作参考：如图 7.41 所示。

图 7.41　先绘制图例表格

（2）绘制图例图形。

操作提示：图例图形按照前面所绘制的图形确定，可以复制并缩放快速得到，然后标注说明文字即可。

操作命令：LINE、LINETYPE、MATCHPROP、TEXT、OFFSET、TRIM、MTEDIT、COPY 等。

操作参考：如图 7.42 所示。

图 7.42　绘制图例图形

（3）完成施工总平面图的图例绘制。

操作提示：将图例移动至总平面图中合适的位置即可。

操作命令：MOVE、SCALE、ZOOM、SAVE 等。

操作参考：如图 7.43 所示。

（4）标注图名，绘制图签等图形。

操作提示：图签样式根据施工单位的名称等确定。部分区域填充图案作为绿化。

操作命令：TEXT、MTEXT、COPY、SCALE、MOVE、ROTATE、MTEDIT、ZOOM、LINE、OFFSET、TRIM、HATCH 等。

操作参考：如图 7.44 所示。

图例：

	围 墙		材料加工堆放场		水管线路		电 线		花 坛
	道 路		用地红线		消火栓		变压器		
	临时建筑	灭	灭火器		B级配电箱		洗车池		
	用水点	水	水 源		A级配电箱		旗 杆		

图 7.43　完成施工总平面图的图例绘制

图 7.44　标注图名并绘制图签等图形

（5）完成建筑施工总平面布置图绘制。

操作提示：可以将总平面图打印输出，还可以转换为 JPG/BMP、PDF 格式文件，供 Word 文档等使用，具体转换方法参见后面章节论述，在此从略。

操作命令：PLOT、ZOOM、SAVE 等。

操作参考：如图 7.45 所示。

图 7.45　完成建筑施工总平面布置图绘制

第 8 章

建筑施工方案各种附图 CAD 快速绘制

在建筑施工管理中，建筑施工方案制作是施工管理不可少的内容，如土方开挖方案、底板施工方案、墙体和楼板钢筋绑扎施工方案、剪力墙混凝土浇筑方案等。在制作施工方案中，必然需要提供一些图形作为施工方案补充说明。本章以建筑施工技术方案中常见的各种附图或示意图为例，介绍其 CAD 快速绘制方法。本章仅选取了部分施工方案附图进行阐述，其他专业工程建筑施工方案附图绘制与此类似。

为便于学习提高 CAD 绘图技能，本书通过互联网相关平台提供本章建筑施工绘制实例的 CAD 图形（dwg 格式图形文件），读者连接互联网后登录到如下地址即可进行案例图形 CAD 文件下载。本案例图形文件仅供学习 CAD 参考。

◆ 百度云盘 http://pan.baidu.com/s/1o8H82Pc ，其中"1o8H82Pc"中的"1"为数字，"o"为字母。

8.1 土石方及基础施工方案附图 CAD 快速绘制

本节以建筑施工中常见土石方及基础施工方案附图为例，介绍其 CAD 快速绘制方法。

8.1.1 土石方开挖示意图 CAD 快速绘制

（1）绘制土石方开挖定位控制轴线。

操作提示： 土石方开挖定位控制轴线按建筑结构平面布置图中的轴线，选取有代表性的位置。此外，土石方开挖图一般选择建筑结构图中基础平面布置图作为底图，进行修改即可，如删除不需要的图形图线、文字尺寸，保留土石方开挖可能需要的图形。限于篇幅，具体修改过程在此从略。

操作命令： LINE、CIRCLE、LINTYPE、TEXT、MTEXT、COPY、MTEDIT、STRETCH、MOVE 等。

操作参考： 如图 8.1 所示。

（2）绘制最底层基础平面布置图轮廓。

操作提示： 通过从建筑结构基础平面布置图中直接复制粘贴即可。

操作命令：COPYCLIP、PASTECLIP、ERASE、MOVE、LINTYPE 等。

操作参考：如图 8.2 所示。

图 8.1   绘制土石方开挖定位控制轴线

图 8.2   绘制最底层基础平面布置图轮廓

（3）绘制土石方开挖最底层区域开挖范围边沿轮廓线。

操作提示：最底层区域开挖范围边沿轮廓线根据建筑结构基础平面布置图中确定的范围进行分析计算确定。绘图时可将部分图层关闭，以便于观察图形。

操作命令：PLINE、DIMLINEAR、DIMRADIUS、MOVE、OFFSET、STRETCH、TRIM、FILLET 等。

操作参考：如图 8.3 所示。

（4）绘制其他开挖范围边坡轮廓线。

操作提示：开挖范围边坡轮廓线按施工方案要求。

操作命令：OFFSET、ARC、LINE、OFFSET、TRIM、CHAMFER、STRETCH、ZOOM、PAN 等。

图 8.3 绘制最底层区域开挖范围边沿轮廓线

图 8.4 绘制其他开挖范围边坡轮廓线

操作参考：如图 8.4 所示。

（5）创建开挖方向示意箭头。

操作提示：开挖方向按照实际工程情况安排。箭头造型使用 PLINE 功能命令设置合适的线宽（其中末端线宽设置为 0）。

操作命令：PLINE、LINTYPE、MOVE、OFFSET 等。

操作参考：如图 8.5 所示。

图 8.5　创建开挖方向示意箭头

（6）箭头造型也可使用其他形式。

操作提示：按个人喜欢样式绘制。其他方向的箭头可以通过旋转快速得到。

操作命令：PLINE、LINE、MIRROR、TRIM、MOVE 等。

操作参考：如图 8.6 所示。

图 8.6　箭头造型也可使用其他形式

（7）标注开挖起点、开挖高程范围和开挖层编号。

操作提示：每层开挖深度按 1.5m 计算。

操作命令：CIRCLE、HATCH、MOVE、LINE、OFFSET、TRIM、COPY、TEXT、MTEXT、MTEDIT、ZOOM 等。

操作参考：如图 8.7 所示。

图 8.7　标注开挖高程范围和开挖层编号

（8）继续进行其他位置的开挖起点、开挖高程范围和开挖层编号标注。

操作提示： 绘制方法同前一步。

操作命令： CIRCLE、HATCH、MOVE、LINE、OFFSET、TRIM、COPY、TEXT、MTEXT、MTEDIT、ZOOM 等。

操作参考： 如图 8.8 所示。

图 8.8　标注其他位置开挖范围

（9）标注说明及图名等文字。

操作提示： 多行说明建议使用 MTEXT 功能命令标注，便于修改编辑。

操作命令： LINE、TEXT、PLINE、COPY、MTEXT、MTEDIT 等。

操作参考： 如图 8.9 所示。

图 8.9　标注说明及图名等文字

（10）完成土石方开挖示意图绘制。

操作提示： 可以将土石方开挖示意图打印输出，还可以转换为 JPG/BMP、PDF 格式文件，供 Word 文档等使用，具体转换方法参见后面章节论述，在此从略。

操作命令： ZOOM、SAVE、PLOT、EXPORT 等。

操作参考： 如图 8.10 所示。

图 8.10　完成土石方开挖示意图绘制

8.1.2　地基钎探点布置图 CAD 快速绘制

（1）修改结构基础平面布置图，得到钎探平面图底图。

操作提示：利用建筑结构基础平面布置图进行修改得到钎探平面图底图。限于篇幅，具体修改过程在此从略。

操作命令：OPEN、SAVE AS、ERASE、TEXT、MTEXT、COPY、MTEDIT 等。

操作参考：如图 8.11 所示。

（2）开始绘制钎探点。

操作提示：钎探点从基坑边线一角开始布置。

操作命令：CIRCLE、MOVE、DIMLINEAR、ZOOM 等。

操作参考：如图 8.12 所示。

（3）按一定的间距继续布置钎探点。

操作提示：通过复制快速得到。钎探点间距按照设计及国家规范要求确定，此处按约 1500mm 间距设置钎探点。

操作命令：COPY、DIMALIGNED、MIRROR、DIMLINEAR、MOVE 等。

操作参考：如图 8.13 所示。

（4）继续布置基础地基钎探点。

操作提示：复制完成第 1、2 行后，选择前两行进行复制得到 4 行，然后选择前 4 行进行复制，快速得到 8 行，以此类推，可以快速完成钎探点布置。复制时可以选择钎探点的第

图 8.11　修改结构基础平面布置图

图 8.12　开始绘制钎探点

图 8.13　按一定的间距继续布置钎探点

一个圆心作为复制基点定位。

　　操作命令： COPY、MOVE 等。

　　操作参考： 如图 8.14 所示。

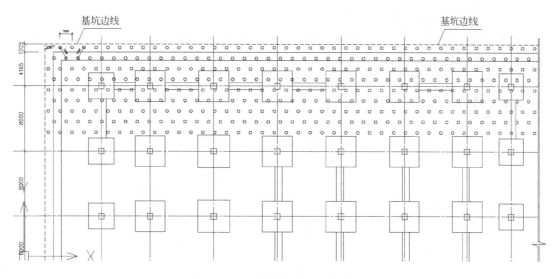

图 8.14 继续布置基础地基钎探点

（5）完成全部钎探点布置。

操作提示：及时保存图形。

操作命令：COPY、MOVE、ZOOM、PAN、SAVE 等。

操作参考：如图 8.15 所示。

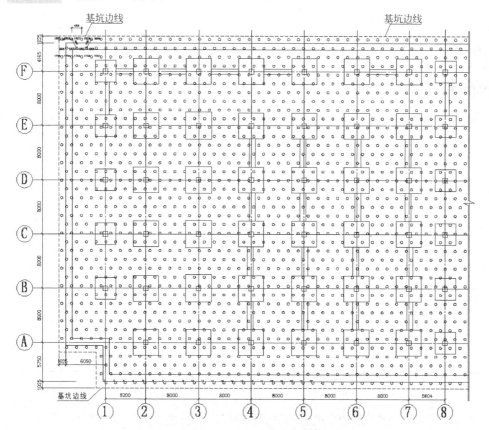

图 8.15 完成全部钎探点布置

（6）对钎探点进行编号。

操作提示： 编号方法按个人喜欢顺序标注。钎探点顺序数字可以先复制多个相同数字，然后单击该数字即可快速修改。

操作命令： TEXT、MTEXT、COPY、MTEDIT、MOVE、SCALE 等。

操作参考： 如图 8.16 所示。

图 8.16　对钎探点进行编号

（7）完成全部钎探点编号标注。

操作提示： 钎探点较多，序号容易重复或遗漏，一定要及时检查修改。

操作命令： TEXT、MTEXT、COPY、MTEDIT、MOVE、SCALE 等。

操作参考： 如图 8.17 所示。

图 8.17　完成全部钎探点编号标注

（8）标注图例和图名等相关说明。

操作提示： 按照实际要求进行绘制及标注。

操作命令： COPY、LINE、PLINE、TEXT、MTEXT、MTEDIT、CIRCLE、SCALE、MOVE 等。

操作参考： 如图 8.18 所示。

图 8.18　标注图例和图名等相关说明

（9）插入图框，完成地基钎探点平面布置图绘制。

操作提示： 图框按照施工单位的名称等确定。

操作命令： INSERT、SCALE、MOVE、STRETCH、COPYCLIP、PASTECLIP、ZOOM、SAVE 等。

操作参考： 如图 8.19 所示。

图 8.19　完成地基钎探点平面布置图绘制

8.2 基坑降水与支护方案附图 CAD 快速绘制

本节以建筑施工中常见的基坑降水与支护方案附图（即基坑降水及支护平面布置图，如图 8.20 所示）为例，介绍其 CAD 快速绘制方法。

图 8.20 基坑降水及支护平面布置图

8.2.1 基坑降水、支护平面布置图 CAD 快速绘制

（1）修改结构基础平面布置图，得到降水支护平面布置图底图。

操作提示： 利用建筑结构基础平面布置图进行修改得到降水支护平面布置图底图。限于篇幅，具体修改过程在此从略。图形范围利用到地下室外墙轮廓即可。

操作命令： OPEN、ERASE、ZOOM、SAVE AS 等。

操作参考： 如图 8.21 所示。

图 8.21 修改得到降水支护平面布置图底图

（2）绘制基坑边坡范围轮廓线。

操作提示： 根据边坡支护方式不同，确定其轮廓线范围形式，如土钉墙支护、护坡桩支护等形式。

操作命令： PLINE、LINE、OFFSET、TRIM、CHAMFER、TEXT、MTEXT、MTEDIT、ZOOM、LINETYPE 等。

操作参考： 如图 8.22 所示。

图 8.22 绘制基坑边坡范围轮廓线

（3）绘制护坡桩轮廓造型。

操作提示： 哪些边坡使用护坡桩，根据支护计算和现场实际条件等情况确定。护坡桩大小及间距也是按计算确定，本案例护坡桩为 ϕ600mm，间距@1200mm。

操作命令： CIRCLE、HATCH、COPY、MOVE、DIMLINEAR、ZOOM 等。

操作参考： 如图 8.23 所示。

图 8.23　绘制护坡桩轮廓造型

（4）继续绘制其他位置边坡护坡桩。

操作提示： 依据计算确定的范围进行布置。通过复制快速得到。

操作命令： COPY、MOVE、PAN 等。

操作参考： 如图 8.24 所示。

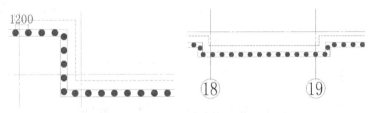

图 8.24　继续绘制其他位置边坡护坡桩

（5）对土钉墙支护区域填充图案。

操作提示： 对土钉墙支护区域填充图案表示该区域边坡支护方式使用土钉墙支护。注意先绘制直线封闭填充区域再填充图案。

操作命令： HATCH 等。

操作参考： 如图 8.25 所示。

图 8.25　对土钉墙支护区域填充图案

（6）绘制其他边坡支护方式（如微管桩）。

操作提示： 微管桩多是钢管支护桩，其布置大小及间距按照计算确定。此处微管桩使用 ϕ200mm，间距 850mm。

操作命令： CIRCLE、MOVE、HATCH、COPY、ZOOM、MIRROR 等。

操作参考： 如图 8.26 所示。

图 8.26　绘制其他边坡支护方式（如微管桩）

（7）布置降水井位置。

操作提示： 降水井大小、间距及数量等按照计算确定。本案例降水井采用 ϕ600mm，间距约 9000mm。

操作命令： CIRCLE、COPY、MOVE、DIMLINEAR 等。

操作参考： 如图 8.27 所示。

图 8.27　布置降水井位置

（8）对护坡桩、微管桩和降水井等进行编号。

操作提示： 编号按照施工要求进行，易于区别辨认。

操作命令： MTEXT、TEXT、COPY、SCALE、MOVE、MTEDIT 等。

操作参考： 如图 8.28 所示。

（9）绘制图例及标注相关说明。

操作提示： 图例及相关说明按照实际情况要求绘制和标注。多行文字使用 MTEXT 功能命令标注，便于修改。

操作命令：PLINE、MTEXT、TEXT、COPY、SCALE、MOVE、MTEDIT 等。

操作参考：如图 8.29 所示。

图 8.28　对护坡桩、微管桩和降水井等进行编号

图例说明：

● Z125　　南侧护坡桩

○ 15#　　原渗水井

○ J21　　新施工渗水井

● V120　　微型桩

说明：
1. 基坑边坡护坡方案：
基坑南侧护坡，挡土
基坑北侧西段护坡，
2. 南侧在-7.4m位置增
3. 坡顶堆载距离坡肩的
4. 施工中需对边坡进行

基坑降水、支护平面图

图 8.29　绘制图例及标注相关说明

（10）插入图框，完成基坑降水及支护平面布置图绘制。

操作提示：图框按照施工单位的名称及相关要求绘制。

操作命令：PLINE、LINE、OFFSET、TRIM、CHAMFER、MTEXT、COPY、MTEDIT、ZOOM、SCALE、STRETCH 等。

操作参考：如图 8.30 所示。

8.2.2　基坑边坡支护剖面图 CAD 快速绘制

（1）以常见的土钉墙支护剖面图为例。

操作提示：其他支护方式剖面图（如护坡桩支护）绘制方法类似，限于篇幅，具体绘制过程在此从略。

操作命令：OPEN 等。

操作参考：如图 8.31 所示。

基坑降水、支护平面图

CAD发展财中心	基坑降水、支护平面图	比例		图号		××建筑工程局股份有限公司
		日期				

图 8.30　完成基坑降水及支护平面布置图绘制

（a）土钉墙支护剖面图

图 8.31

（b）护坡桩支护剖面图

图 8.31　常见的边坡支护剖面图

（2）绘制基坑底线及边坡深度线。

操作提示： 旋转得到倾斜坡度线，旋转角度按坡度计算得到。注意旋转角度的正负与旋转方向有关，角度为正值（如 "+14°"），正时针旋转，角度为负值（如 "–14°"），逆时针旋转。

操作命令： LINE、CHAMFER、ROTATE、DIMANGULAR、ZOOM 等。

操作参考： 如图 8.32 所示。

图 8.32　绘制基坑底线及边坡深度线

（3）绘制底部基坑土壤示意符号。

操作提示： 先绘制一个长方形，填充图案后删除长方形即可得到图案。也可以逐个绘制斜线造型表示土壤符号。

操作命令： PLINE、LINE、OFFSET、MOVE、ERASE、HATCH 等。

操作参考： 如图 8.33 所示。

图 8.33　绘制底部基坑土壤示意符号

（4）绘制新建的地下室建筑轮廓线。

操作提示： 轮廓线仅为示意作用，按照建筑结构图纸确定的轮廓线绘制即可。

操作命令： PLINE、LINE、OFFSET、MOVE、LINETYPE 等。

操作参考： 如图 8.34 所示。

图 8.34　绘制新建的地下室建筑轮廓线

（5）创建护坡面的混凝土面板轮廓造型。

操作提示： 同时填充混凝土图案。

操作命令：OFFSET、MOVE、TRIM、HATCH、ZOOM 等。

操作参考：如图 8.35 所示。

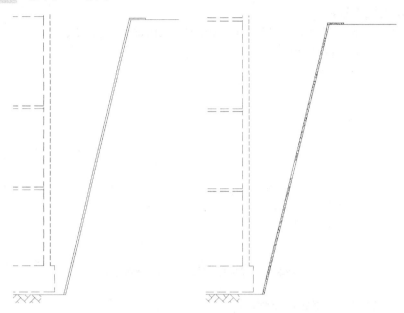

图 8.35　创建护坡面的混凝土面板轮廓造型

（6）绘制土钉钢筋造型。

操作提示：可以先绘制水平方向的直线，然后按照土钉设计施工安装角度旋转即可得到。注意旋转角度的正负与旋转方向有关，角度为正值（如"+10°"）正时针旋转，角度为负值（如"-10°"）逆时针旋转。

操作命令：PLINE、MOVE、ROTATE、DIMANGULAR 等。

操作参考：如图 8.36 所示。

图 8.36　绘制土钉钢筋造型

（7）绘制其他土钉钢筋造型。

操作提示：先剪切修改完成第一根土钉钢筋造型，然后绘制辅助线，通过复制快速得到护坡土钉钢筋排列。土钉布置间距按照设计计算确定的间距，本案例按 1500mm 布置。

操作命令：LINE、OFFSET、COPY、STRETCH、LENGTHEN、TRIM 等。

操作参考： 如图 8.37 所示。

图 8.37　绘制其他土钉钢筋造型

（8）按照各个土钉钢筋长度修改编辑其长度。

操作提示： 创建其中的锚杆造型，其绘制方法是相同的。改变长度的方法有拉伸（STRETCH）、伸长（LENGTHEN）等。

操作命令： ERASE、LENGTHEN、STRETCH、PLINE、LINE、TRIM 等。

操作参考： 如图 8.38 所示。

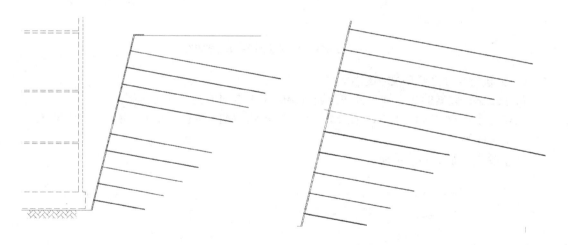

图 8.38　按照各个土钉钢筋长度修改编辑其长度

（9）绘制锚杆端头锚固件造型。

操作提示： 端头锚固件造型可以先按水平方向绘制，然后旋转即可。

操作命令： PLINE、LINE、TRIM、ROTATE、MOVE、CHAMFER、ZOOM 等。

操作参考： 如图 8.39 所示。

（10）对锚杆端头锚固件造型填充图案。

操作提示： 图案按个人喜好选择。

操作命令： HATCH 等。

操作参考： 如图 8.40 所示。

图 8.39　绘制锚杆端头锚固件造型

图 8.40　对锚杆端头锚固件造型填充图案

（11）进行尺寸及说明文字标注。

操作提示：倾斜的文字标注方法，通过旋转水平方向的文字即可得到。

操作命令：MTEXT、SCALE、MOVE、COPY、MTEDIT、DIMLINEAR、ROTATE、LINE、TRIM 等。

操作参考：如图 8.41 所示。

图 8.41　进行尺寸及说明文字标注

（12）绘制边坡地质土层类型示意图。

操作提示：边坡地质土层类型示意图根据地质勘查的结果进行绘制。通过图案填充即可快速完成。

操作命令： LINE、OFFSET、TRIM、CHAMFER、MOVE、HATCH、MTEXT、COPY、MTEDIT 等。

操作参考： 如图 8.42 所示。

图 8.42　绘制边坡地质土层类型示意图

（13）绘制土钉墙支护剖面图在建筑总平面图中的位置示意图。

操作提示： 哪些边坡采用该剖面图支护做法，就在哪标注其剖切号（B—B）。

操作命令： PLINE、MTEXT、SCALE、MOVE、COPY、ROTATE、MTEDIT、ZOOM 等。

操作参考： 如图 8.43 所示。

图 8.43　绘制土钉墙支护剖面图位置示意图

（14）标注图名，完成土钉墙边坡支护剖面图。

操作提示： 其他边坡支护方式剖面图（如护坡桩支护）绘制方法与此类似，限于篇幅，具体绘制过程在此从略。

操作命令： ZOOM、SCALE、MOVE、LINE、MTEXT、COPY、MTEDIT、ZOOM、SAVE 等。

操作参考： 如图 8.44 所示。

土钉墙支护剖面图（B—B）

图 8.44 完成土钉墙边坡支护剖面图

第9章

建筑施工技术洽商及示意图 CAD 快速绘制

本章以常见建筑施工管理工作中，常见的技术洽商附图及各种施工方案示意图、机电专业安装施工方案示意图为例，介绍其 CAD 快速绘制方法。

为便于学习提高 CAD 绘图技能，本书通过互联网相关平台提供本章建筑施工绘制实例的 CAD 图形（dwg 格式图形文件），读者连接互联网后登录到如下地址即可进行案例图形CAD 文件下载。本案例图形文件仅供学习 CAD 参考。

◆ 百度云盘 http://pan.baidu.com/s/1mi6hn3U，其中"1mi6hn3U"中的"1"为数字。

9.1 建筑施工技术洽商图 CAD 快速绘制

本节以如图 9.1 所示的某项目工程的雨篷施工技术洽商图修改为例，介绍其 CAD 修改绘制方法。其他一些技术洽商图绘制与此类似，举一反三，可按同样方法修改绘制。

（a）修改前施工要求	（b）修改后施工要求

图 9.1 某雨篷洽商修改图

（1）打开要修改的原有图形。

操作提示： 利用原有 CAD 图形快速修改得到。原有图形可以由原设计单位或建设单位提供 CAD 电子版本图纸得到。

操作命令： OPEN、ZOOM、SAVEAS 等。

操作参考： 如图 9.2 所示。

图 9.2　打开要修改的原有图形

（2）对原有图形图线、文字进行编辑修改。

操作提示： 删除没有用的图形，保留可以利用的图形。对一条线段，若一半保留一半删除的情况，可以通过剪切进行修改。

操作命令： ZOOM、ERASE、TRIM 等。

操作参考： 如图 9.3 所示。

图 9.3　对原有图形图线、文字进行编辑修改

（3）将垂直方向的直线旋转得到倾斜檐口板轮廓。

操作提示： 旋转角度按照挑板的倾斜角度，偏移的距离按板厚度。

操作命令： ROTATE、OFFSET、DIMANGULAR 等。

操作参考： 如图 9.4 所示。

（4）修改檐口板与水平板交接处轮廓造型。

操作提示： 底部尺寸按洽商确定的板厚度及工作要求来定。

操作命令： LINE、OFFSET、TRIM、CHAMFER、MOVE 等。

图 9.4　将垂直方向的直线旋转得到倾斜檐口板轮廓

图 9.5　修改檐口板与水平板交接处轮廓造型

操作参考：如图 9.5 所示。

（5）绘制檐口板高度轮廓，并通过偏移创建钢筋轮廓。

操作提示：檐口板高度按洽商确定的高度，钢筋轮廓要与原底部钢筋连接。

操作命令：LINE、MOVE、OFFSET、TRIM、CHAMFER 等。

操作参考：如图 9.6 所示。

图 9.6　绘制檐口板高度轮廓并创建钢筋轮廓

（6）将钢筋轮廓加粗，并绘制横向钢筋截面造型。

操作提示：利用 PEDIT 功能将线条加粗。绘制横向钢筋截面造型可以通过复制水平板钢筋截面快速得到。

操作命令：PEDIT、COPY、MOVE 等。

操作参考：如图 9.7 所示。

图 9.7　将钢筋轮廓加粗并绘制钢筋截面造型

（7）标注钢筋配筋大小，并使用云线标明修改部分内容范围。

操作提示：标注钢筋通过复制原有文字快速 MTEDIT 修改得到。

操作命令：COPY、LINE、MOVE、SCALE、MTEDIT、CHAMFER、TRIM、REVCLOUD、ZOOM、EXTEND、SAVE 等。

操作参考：如图 9.8 所示。

图 9.8　标注钢筋配筋大小并绘制云线

（8）完成洽商图修改。

操作提示：可以将土石方开挖示意图打印输出，还可以转换为 JPG/BMP、PDF 格式文件，供 Word 文档等使用，具体转换方法参见后面章节论述，在此从略。

操作命令：PLOT、EXPORT、ZOOM、SAVE 等。

操作参考：如图 9.9 所示。

图 9.9　完成洽商图修改

9.2 建筑施工管理各种示意图 CAD 快速绘制

本节以常见各种建筑施工安装技术方案中的示意图（如梁钢筋保护层垫块设置示意图、楼梯混凝土施工缝留置示意图、楼板模板支撑示意图等）为例，如图 9.10 所示，介绍其 CAD 绘制方法。示意图的特点是对图形尺寸要求不是那么严格，图形表达清楚即可。

（a）梁钢筋保护层垫块设置示意图

（b）楼梯混凝土施工缝留置示意图

（c）楼板模板支撑示意图

图 9.10　常见施工方案示意图

9.2.1　梁钢筋绑扎保护层定位示意图 CAD 快速绘制

（1）绘制梁截面轮廓。

操作提示： 板造型可以先绘制一半。

操作命令： RECTANG、PLINE、LINE、OFFSET、TRIM、CHAMFER 等。

操作参考： 如图 9.11 所示。

（2）细化楼板轮廓及折断线。

操作提示： 通过进行镜像快速得到对称图形，以梁边线中点作为镜像轴线位置点。

操作命令： LINE、TRIM、MIRROR 等。

操作参考： 如图 9.12 所示。

图 9.11　绘制梁截面轮廓

图 9.12　细化楼板轮廓及折断线

（3）绘制梁截面箍筋钢筋轮廓线。

操作提示：通过偏移梁轮廓快速得到箍筋轮廓，然后使用 PEDIT 进行加粗即可。

操作命令：OFFSET、TRIM、PEDIT 等。

操作参考：如图 9.13 所示。

（4）创建箍筋钢筋弯钩造型。

操作提示：使用 PLINE 功能命令绘制箍筋弯钩造型，先输入"W"设置宽度，绘制一段直线后输入"A"绘制弧段，再输入"L"绘制直线段即可快速得到弯钩造型。然后旋转弯钩造型"–45°"或其他角度。

图 9.13　绘制梁截面箍筋钢筋轮廓线

操作命令： PLINE、MOVE、ROTATE、SCALE 等。

操作参考： 如图 9.14 所示。

图 9.14   创建箍筋钢筋弯钩造型

（5）创建钢筋截面造型。

操作提示： 钢筋截面造型通过小圆填充图案 SOLID 得到。

操作命令： CIRCLE、SCALE、MOVE、COPY、MIRROR 等。

操作参考： 如图 9.15 所示。

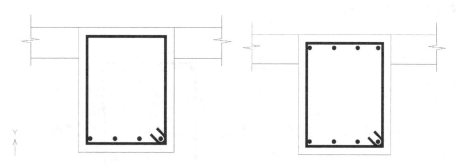

图 9.15   创建钢筋截面造型

（6）勾画钢筋保护层定位卡轮廓造型。

操作提示： 在梁箍筋上加设塑料定位卡，目的是保证梁钢筋保护层的厚度。

操作命令： LINE、TRIM、PLINE、EXTEND、MIRROR、COPY、MOVE 等。

操作参考： 如图 9.16 所示。

图 9.16   勾画钢筋保护层定位卡轮廓造型

（7）填充图案美化图形。

操作提示： 对梁截面和保护层垫块截面填充不同图案，便于区别。

操作命令： HATCH 等。

操作参考： 如图 9.17 所示。

图 9.17　填充图案美化图形

（8）标注文字说明，完成梁钢筋保护层垫块设置示意图绘制。

操作提示： 标注内容按照施工要求确定。

操作命令： MTEXT、TEXT、MTEDIT、COPY、SCALE、MOVE、LINE、TRIM、SAVE、PLINE 等。

操作参考： 如图 9.18 所示。

图 9.18　完成梁钢筋保护层垫块设置示意图绘制

9.2.2　楼梯混凝土施工缝留置示意图 CAD 快速绘制

（1）绘制楼梯平面图，修改得到示意图底图。

操作提示： 可以利用原有建筑楼梯平面图 CAD 图形进行修改，作为示意图的底图。

操作命令： OPEN、ERASE、SAVEAS 等。

操作参考： 如图 9.19 所示。

2#楼梯间大样图

图 9.19　修改得到示意图底图

（2）使用粗线勾画楼梯混凝土浇筑施工缝位置。

操作提示：一般情况下，楼梯的施工缝留置在楼梯梁的一半即上跑楼梯的全部和休息平台的 1/2 处。

操作命令：PLINE、MOVE 等。

操作参考：如图 9.20 所示。

图 9.20　使用粗线勾画楼梯混凝土浇筑施工缝位置

（3）将施工缝范围线线型设置为虚线。

操作提示：同时将下一个工序施工的楼梯梯段部分也设置为虚线线型。

操作命令：LINETYPE、LTSCALE、VIEWRES 等。

操作参考：如图 9.21 所示。

（4）标注施工缝设置说明文字。

操作提示：文字内容按照施工要求标注。

操作命令：LINE、PLINE、CHAMFER、COPY、TEXT、MTEXT、SCALE 等。

操作参考：如图 9.22 所示。

图 9.21　将施工缝范围线线型设置为虚线

图 9.22　标注施工缝设置说明文字

（5）完成楼梯混凝土施工缝设置示意图绘制。

操作提示： 及时保存图形。可以将土石方开挖示意图打印输出，还可以转换为 JPG/BMP、PDF 格式文件，供 Word 文档等使用，具体转换方法参见后面章节论述，在此从略。

操作命令： SAVE、PLOT、EXPORT、SAVE、ZOOM 等。

操作参考： 如图 9.23 所示。

图 9.23　完成楼梯混凝土施工缝设置示意图绘制

9.2.3 现浇楼板模板安装示意图 CAD 快速绘制

（1）绘制脚手架立柱造型轮廓。

操作提示：立柱底部创建垫块轮廓并填充图案。

操作命令：PLINE、LINE、RECTANG、CHAMFER、STRETCH、MOVE、HATCH 等。

操作参考：如图 9.24 所示。

图 9.24　绘制脚手架立柱造型轮廓

（2）进行立柱造型复制。

操作提示：通过复制快速得到多根立柱。先复制第一根，然后再按相同间距复制即可，可以选择其中一个端点作为基点进行定位复制。

操作命令：COPY 等。

操作参考：如图 9.25 所示。

图 9.25　进行立柱造型复制

（3）创建脚手架水平支撑造型。

操作提示：水平支撑数量仅作为示意。

操作命令：PLINE、LINE、RECTANG、CHAMFER、STRETCH、MOVE、COPY 等。

操作参考：如图 9.26 所示。

（4）绘制立柱顶部支撑件造型。

操作提示：支撑件造型仅为示意。

操作命令：PLINE、LINE、OFFSET、RECTANG、CHAMFER、STRETCH、MOVE、

图 9.26　创建脚手架水平支撑造型

图 9.27　绘制立柱顶部支撑件造型

HATCH 等。

　　操作参考：如图 9.27 所示。

（5）复制顶部支撑件造型。

　　操作提示：选择其中一个端点作为基点进行定位复制，复制位置准确。

　　操作命令：COPY 等。

　　操作参考：如图 9.28 所示。

图 9.28　复制顶部支撑件造型

（6）创建支撑件上部主龙骨轮廓。

操作提示：主龙骨大小仅为示意，可以按实际要求确定的大小绘制。

操作命令：LINE、OFFSET、STRETCH、MOVE 等。

操作参考：如图 9.29 所示。

图 9.29　创建支撑件上部主龙骨轮廓

（7）创建次龙骨截面，并复制两个。

操作提示：次龙骨截面间距按施工要求，案例此处约 300mm。复制两个是作为下一步定位复制的对象。

操作命令：RECTANG、PLINE、LINE、CHAMFER、TRIM、HATCH、COPY 等。

操作参考：如图 9.30 所示。

图 9.30　创建次龙骨截面并复制两个

（8）按主龙骨长度复制次龙骨。

操作提示：使用前述复制的两个进行复制，可以加快复制。

操作命令：COPY、ZOOM 等。

操作参考：如图 9.31 所示。

（9）在次龙骨上创建支撑模板和楼板厚度轮廓线。

操作提示：偏移主龙骨的轮廓可以快速得到模板和楼板厚度轮廓线，支撑模板和楼板厚度轮廓线厚度按照施工及设计要求。

操作命令：LINE、OFFSET、MOVE、TRIM、MIRROR、COPY 等。

操作参考：如图 9.32 所示。

图 9.31 按主龙骨长度复制次龙骨

图 9.32 创建支撑模板和楼板厚度轮廓线

（10）填充图案。

操作提示： 不同结构构件填充不同的材质图案，便于区别。

操作命令： HATCH、BHATCH 等。

操作参考： 如图 9.33 所示。

图 9.33 填充图案

（11）绘制脚手架造型折断线。

操作提示： 因高度方向和水平方向仅绘制部分脚手架轮廓。

操作命令： LINE、TRIM、MOVE、OFFSET 等。

操作参考： 如图 9.34 所示。

图 9.34   绘制脚手架造型折断线

（12）标注相关尺寸。

操作提示： 标注内容和范围按施工要求。对多个尺寸可以采用连续标注方式。

操作命令： DIMLINEAR、DIMCONTINUE 等。

操作参考： 如图 9.35 所示。

图 9.35   标注相关尺寸

（13）对需要在尺寸上增加文字的图进行修改。

操作提示： 方法是单击选中标注尺寸，然后单击右键，在弹出的快捷菜单中选中"特性"。在"特性"对话框中"文字"栏中尺寸数字下一栏进行修改即可，回车确认。

操作命令： DDEDIT、DIMEDIT、DIMTEDIT 等。

操作参考： 如图 9.36 所示。

（14）标注施工说明文字。

操作提示： 按施工要求标注内容。

操作命令： MTEXT、TEXT、LINE、COPY、MTEDIT、SCALE、MOVE、ZOOM、SAVE 等。

操作参考： 如图 9.37 所示。

图 9.36 在尺寸上增加文字

图 9.37 标注施工说明文字

（15）完成楼板模板支撑示意图绘制。

操作提示： 及时保存图形。可以将土石方开挖示意图打印输出，还可以转换为 JPG/BMP、PDF 格式文件，供 Word 文档等使用，具体转换方法参见后面章节论述，在此从略。

操作命令： ZOOM 等。

操作参考： 如图 9.38 所示。

楼板模板支撑示意图

图 9.38 完成楼板模板支撑示意图绘制

9.3 建筑施工安全防护示意图 CAD 快速绘制

在建筑施工管理工作中，安全防护十分重要。例如，各种施工洞口临边安全防护（楼梯口、电梯井口、预留洞口、通道口、管道竖井等洞口的防护）必须分段或分层验收。楼面上和屋面上的所有施工洞口或预留洞口根据洞口位置与尺寸，应及时分别覆盖固定盖板或水平网，或采取预留钢筋网、或设两道防护栏杆和密目网等各种措施以防人身坠落。严禁移动盖板、水平网、防护栏杆或未经允许切断预留钢筋网。本案例以常见的洞口安全防护示意图（如图 9.39 所示）为例，介绍如何使用 CAD 进行示意图快速绘制。

图 9.39　洞口安全防护示意图

（1）绘制洞口轮廓。

操作提示： 本案例以尺寸≥1500mm×1500mm 的水平洞口安全防护为例，绘制洞口大小仅为示意。填充图案为 SOLID。

操作命令： LINE、OFFSET、TRIM、CHAMFER、HATCH 等。

操作参考： 如图 9.40 所示。

图 9.40　绘制洞口轮廓

（2）绘制洞口水平栏杆轮廓线。

操作提示： 栏杆长度比洞口长一定的长度。

操作命令： LINE、OFFSET、TRIM、CHAMFER、MIRROR 等。

操作参考： 如图 9.41 所示。

图 9.41　绘制洞口水平栏杆轮廓线

（3）创建防护栏杆立柱造型。

操作提示： 其他位置的立柱造型通过复制、镜像快速得到。

操作命令： MIRROR、CIRCLE、COPY、MOVE 等。

操作参考： 如图 9.42 所示。

图 9.42　创建防护栏杆立柱造型

（4）勾画洞口内侧底部安全网造型。

操作提示： 内侧底部安全网造型仅绘制部分作为示意。

操作命令： SPLINE、HATCH 等。

操作参考： 如图 9.43 所示。

图 9.43　勾画洞口内侧底部安全网造型

（5）绘制洞口剖面图(A—A 剖面图)中的楼板造型。

操作提示： 洞口与平面洞口大小一致。楼板填充混凝土图案。

操作命令： LINE、CHAMFER、OFFSET、MIRROR、HATCH、MOVE 等。

操作参考： 如图 9.44 所示。

图 9.44　绘制洞口剖面图中的楼板造型

（6）绘制剖面图中的立柱和水平栏杆造型。

操作提示：立柱高度和间距按照施工规范要求。

操作命令：LINE、CHAMFER、OFFSET、MIRROR、COPY、MOVE 等。

操作参考：如图 9.45 所示。

图 9.45　绘制剖面图中的立柱和水平栏杆造型

（7）勾画安全防护网造型。

操作提示：安全防护网造型轮廓仅为示意。

操作命令：SPLINE、ARC、MIRROR、MOVE、HATCH 等。

操作参考：如图 9.46 所示。

图 9.46　勾画安全防护网造型

（8）标注相关施工说明，完成洞口安全防护示意图绘制。

操作提示：说明按照施工规范要求标注。

操作命令：MTEXT、TEXT、MTEDIT、COPY、SCALE、MOVE、LINE、TRIM、ZOOM、SAVE 等。

操作参考：如图 9.47 所示。

图 9.47　完成洞口安全防护示意图绘制

9.4 建筑机电安装施工方案示意图 CAD 快速绘制

在建筑机电安装施工管理工作中，也常常需要绘制各种表格、流程图、架构图、施工方案附图等，有关表格和流程图等 CAD 绘制方法参考前面章节所述。本节以常见建筑大型机电设备进场安装运输方案示意图（如图 9.48 所示）为例，介绍其图 CAD 快速绘制方法。

图 9.48　大型机电设备进场安装运输方案示意图

（1）绘制运输枕木轮廓造型。

操作提示：枕木造型细长，可以使用 LINE、RECTANG 等功能命令绘制。

操作命令：LINE、PLINE、OFFSET、STRETCH、RECTANG 等。

操作参考：如图 9.49 所示。

图 9.49　绘制运输枕木轮廓造型

（2）绘制上部设备轮廓造型。

操作提示： 上部设备轮廓造型大小仅为示意。

操作命令： LINE、PLINE、OFFSET、STRETCH、RECTANG、ZOOM、MOVE 等。

操作参考： 如图 9.50 所示。

图 9.50　绘制上部设备轮廓造型

（3）在枕木和设备之间绘制滚动钢管造型。

操作提示： 圆形直径大小为二者的间距。然后填充合适的图案。

操作命令： CIRCLE、HATCH、MOVE 等。

操作参考： 如图 9.51 所示。

（4）进行滚动钢管造型复制。

操作提示： 滚动钢管造型间距仅为示意。

操作命令： COPY、MOVE 等。

操作参考： 如图 9.52 所示。

图 9.51　在枕木和设备之间绘制滚动钢管造型　　　　图 9.52　进行滚动钢管造型复制

（5）勾画牵引拉动设备的箭头造型。

操作提示： 箭头造型使用 PLINE 功能命令绘制即可（执行 PLINE 功能命令输入 "W" 设置不同线宽）。

操作命令： PLINE、ELLIPSE、MOVE 等。

操作参考： 如图 9.53 所示。

图 9.53　勾画牵引拉动设备的箭头造型

（6）绘制底部地面或楼板轮廓。

操作提示： 地面或楼板轮廓位于枕木下侧。填充混凝土图案即可。

操作命令： PLINE、LINE、OFFSET、TRIM、STRETCH、HATCH 等。

操作参考： 如图 9.54 所示。

图 9.54　绘制底部地面或楼板轮廓

（7）标注相关辅助说明文字和图名，完成大型设备安装运输示意图绘制。

操作提示： 相关辅助说明文字按施工要求的内容标注。

操作命令： MTEXT、TEXT、MTEDIT、SCALE、MOVE、COPY、PLINE、LINE、SAVE 等。

操作参考： 如图 9.55 所示。

大型机电设备进场安装运输示意图

图 9.55　完成大型设备安装运输示意图绘制

第10章

建筑施工轴测图 CAD 快速绘制基本方法

本章详细介绍建筑施工设计中轴测图 CAD 快速绘制基本方法。轴测图可反映物体的三维形状和二维图形，具有较强立体感，能帮人们更快捷更清楚地认识建筑施工构造。绘制一个轴测图实际是在二维平面图中完成，因此相对三维图形操作更简单，但具有三维视觉效果。

为便于学习提高 CAD 绘图技能，本书通过互联网相关平台提供本章建筑施工绘制实例的 CAD 图形（dwg 格式图形文件），读者连接互联网后登录到如下地址进行案例图形 CAD 文件下载；本案例图形文件仅供学习 CAD 参考。

◆ 百度云盘 http://pan.baidu.com/s/1o8cqXwm，其中"1o8cqXwm"中的"1"为数字，"o"为字母。

10.1 建筑施工轴测图 CAD 绘制基本知识

轴测图是指将物体对象连同确定物体对象位置的坐标系，沿不平行于任一坐标面的方向，用平行投影法投射到单一投影面上所得到的图形。轴测图能同时反映物体长、宽、高三个方向的尺寸，富有立体感，在许多工程领域，常作为辅助性图样。如图 10.1 所示为常见的一些建筑施工工程施工轴测图。

10.1.1 建筑施工轴测图的绘图基础

轴测图分为正轴测图和斜轴测图两大类，正轴测图——采用正投影法，斜轴测图——采用斜投影法。正投影图特点：形体的多数表面垂直于或平行于投影面(正放)，用正投影法得到，缺乏立体感，如图 10.2（a）所示。斜轴测图特点：不改变物体与投影面的相对位置(物体正放)，用斜投影法作出物体的投影，如图 10.2（b）所示。工程上常用正等轴测图和斜二轴测图，如图 10.2（c）所示。

当物体上的三根直角坐标轴与轴测投影面的倾角相等时，用正投影法所得到的图形，称为正等轴测图，简称正等测。正等轴测图中的三个轴间角相等，都是 120°，其中 Z 轴规定画成铅垂方向。正等轴测图的坐标轴，简称轴测轴，如图 10.2（d）所示。

图 10.1　常见建筑施工轴测图

（a）正投影图

（b）斜轴测图

正等轴测图

斜二轴测图

（c）正等轴测图和斜二轴测图

（d）正等轴测图的轴间角

图 10.2　轴测图分类

10.1.2　建筑施工轴测图的基本绘制方法

绘制平面立体轴测图的方法，有坐标法、切割法和叠加法三种。

（1）坐标法　坐标法是绘制轴测图的基本方法。根据立体表面上各顶点的坐标，分别画出它们的轴测投影，然后依次连接成立体表面的轮廓线。例如，根据三视图，画四棱柱的正等轴测图步骤如下，如图 10.3 所示。

① 在两面视图中，画出坐标轴的投影。

② 画出正等测的轴测轴，$\angle X_1 O_1 Y_1 = \angle X_1 O_1 Z_1 = \angle Y_1 O_1 Z_1 = 120°$。

③ 量取 $O_1 2 = O2$，$O_1 4 = O4$。

④ 分别过 2、4 作 $O_1 Y_1$、$O_1 X_1$ 的平行线，完成底面投影。

⑤ 过底面各顶点作 $O_1 Z_1$ 轴的平行线，长度为四棱柱高度。

⑥ 依次连接各顶点，完成正等测图。

需要注意的是，不可见的虚线可不画出。

（a）三视图　　　　　　　　　　（b）正等轴测图

图 10.3　坐标法绘制轴测图

（2）切割法　有的形体可看成是由基本体截断、开槽、穿孔等变化而成的。画这类形体的轴测图时，可先画出完整的基本体轴测图，然后切去多余部分。例如，已知三视图[图 10.4（a）]，画形体的正等轴测图。从投影图可知，该立体是在长方形箱体的基础上，逐步切去左上方的四棱柱、右前方的三棱柱和左下端方槽后形成的。绘图时先用坐标法画出长方形箱体，然后逐步切去各个部分，绘图步骤如图 10.4 所示。

（3）叠加法　适用于叠加而形成的组合体，它依然以坐标法为基础，根据各基本体所在的坐标，分别画出各立体的轴测图。例如，已知三视图[图 10.5（a）]，绘制其轴测图。该组合体由底板 I、背板 II、右侧板 III 三部分组成。利用叠加法，分别画出这三部分的轴测投影，擦去看不见的图线，即得该组合体的轴测图，绘制步骤如下，如图 10.5 所示：

① 在视图上定坐标,将组合体分解为三个基本形体；

② 画轴测轴，沿轴向分别量取坐标 X_1、Y_1 和 Z_1，画出形体 I；

③ 根据坐标 Z_2 和 Y_2 画形体 II；根据坐标 X_3 和 Z_3 切割形体 II；

④ 根据坐标 X_2 画形体 III；

⑤ 擦去作图线，描粗加深，得到轴测图。

(a) 选坐标　　　　　　　　(b) 画长方体　　　　　　　(c) 切去左上部四棱柱

(d) 切去右前部三棱柱　　　(e) 切去左端部四棱柱　　　(f) 整理、完成全图

图 10.4　切割法绘制轴测图

图 10.5　叠加法绘制轴测图

10.2 建筑施工轴测图 CAD 绘制基本操作方法

10.2.1 建筑施工等轴测图 CAD 绘制模式设置方法

一个实体的轴测投影只有三个可见平面，为了便于绘图，应将这三个面作为画线、找点等操作的基准平面，并称它们为轴测平面，根据其位置的不同，分别称为<等轴测平面 左视>、<等轴测平面 右视>和顶轴测面。当激活轴测模式之后，就可以分别在这三个面间进行切换。如一个长方体在轴测图中的可见边与水平线夹角分别是 30°、90° 和 120°，如图 10.6 所示。

图 10.6　轴测图的视图和角度

在 AutoCAD 环境中要绘制轴测图形，首先应进行激活设置才能进行绘制。选择"工具"下拉菜单中"绘图设置"菜单命令，打开"草图设置"对话框，在"捕捉和栅格"选项卡中选择"等轴测捕捉"单选项，然后单击"确定"按钮即可激活，如图 10.7 所示。

另外，用户也可以在命令行"命令："中输入"SNAP"，再根据命令行的提示选择"样式（S）"选项，再选择"等轴测（I）"选项，最后输入垂直间距为 1。

命令：SNAP

指定捕捉间距或 [开(ON)/关(OFF)/纵横向间距(A)/样式(S)/类型(T)] <11.0000>：S

输入捕捉栅格类型 [标准(S)/等轴测(I)] <S>：I

指定垂直间距 <11.0000>：1

图 10.7　进行激活设置

用户在对三个等轴面进行切换时，可按"F5"或"Ctrl+E"依次切换上、右、左三个面，其鼠标指针的形状如图 10.8 所示，分别为等轴测平面俯视、右视、左视。

图 10.8　不同轴测视图中的鼠标指针形状

10.2.2　建筑施工等轴测图绘制模式下直线 CAD 绘制方法

（1）输入数值法绘制直线　当通过坐标的方式来绘制直线时，可按以下方法来绘制。

① 与 X 轴平行的线，极坐标角度应输入 30°，如@100<30。

② 与 Y 轴平行的线，极坐标角度应输入 150°，如@100<150。

③ 与 Z 轴平行的线，极坐标角度应输入 90°，如@100<90。

④ 所有不与轴测轴平行的线，则必须先找出直线上的两个点，然后通过连线，见图 10.9。

命令：LINE

指定第一点：

指定下一点或 [放弃(U)]：@100<30

指定下一点或 [放弃(U)]：@100<150

指定下一点或 [闭合(C)/放弃(U)]：@100<90

指定下一点或 [闭合(C)/放弃(U)]：

图 10.9　输入数值法绘制直线

（2）在激活轴测状态下绘制直线　在激活轴测状态下，打开"正交"模式，绘制的一个长度为 100mm 的正方体图，可通过以下方法来绘制。

① 在"工具"下拉菜单"绘图设置"对话框的"捕捉与栅格"选项卡下选择"等轴测捕捉"单选项，来激活等轴测模式，再按"F8"键启动正交模式，则当前为<等轴测平面左视>。

② 执行"直线"命令（LINE），根据命令行的提示绘制如图 10.10 所示的左侧面。

■ 命令：<等轴测平面 左视>

■ 命令：LINE

指定第一点：

指定下一点或 [放弃(U)]：100

指定下一点或 [放弃(U)]： <正交 开> 100

指定下一点或 [闭合(C)/放弃(U)]：100

指定下一点或 [闭合(C)/放弃(U)]：100

指定下一点或 [闭合(C)/放弃(U)]：C

已在 (2334.9826, 452.6106, 0.0000) 创建零长度直线

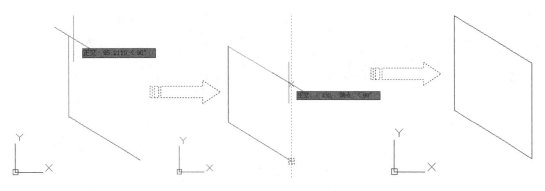

图 10.10　绘制左侧面

③ 按"F5"键切换至顶轴测面，再执行"多段线"命令（PLINE），根据命令行提示绘制如图 10.11 所示的顶侧面。

命令：<等轴测平面 俯视>

命令：PLINE

指定起点：

当前线宽为 0.0000

指定下一个点或 [圆弧(A)/半宽(H)/长度(L)/放弃(U)/宽度(W)]：100

指定下一点或 [圆弧(A)/闭合(C)/半宽(H)/长度(L)/放弃(U)/宽度(W)]：100

指定下一点或 [圆弧(A)/闭合(C)/半宽(H)/长度(L)/放弃(U)/宽度(W)]：100

指定下一点或 [圆弧(A)/闭合(C)/半宽(H)/长度(L)/放弃(U)/宽度(W)]：（回车）

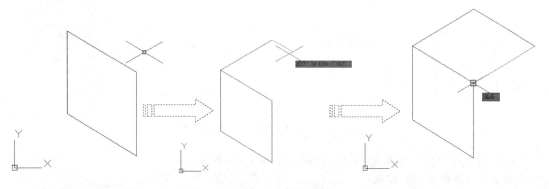

图 10.11　绘制顶侧面

④ 再按"F5"键切换至<等轴测平面 右视>，再执行"直线"命令（LINE）或"多段线"命令（PLINE），根据命令行提示绘制如图 10.12 所示的右侧面。

命令：<等轴测平面 右视>

命令：LINE

指定第一点：

指定下一点或 [放弃(U)]：100

指定下一点或 [放弃(U)]：100

指定下一点或 [闭合(C)/放弃(U)]：

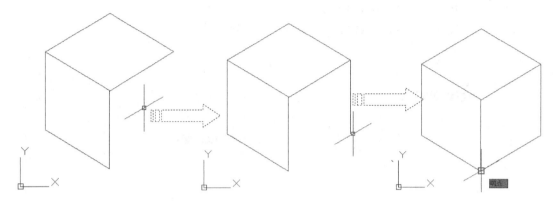

图 10.12　绘制右侧面

10.2.3　建筑施工等轴测图 CAD 绘制模式下圆形绘制方法

圆的轴测投影是椭圆，当圆位于不同的轴测面时，投影椭圆长、短轴的位置是不相同的。首先激活轴测图模式，再按"F5"键选定画圆的投影面，再执行"椭圆"命令（ELLIPSE），在命令行提示选择"等轴测圆（I)"选项，再指定圆心点，最后指定椭圆的半径即可。

例如，在图 10.13 所示正方体轴测图顶面绘制一直径为 50mm 的圆的方法如下。

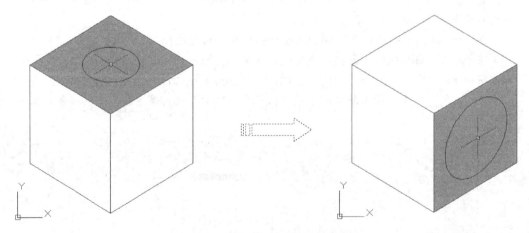

图 10.13　正方体轴测图中的圆形绘制

（1）首先按"F5"键切换至顶轴测面，如图 10.14 所示。

命令：<等轴测平面 俯视>

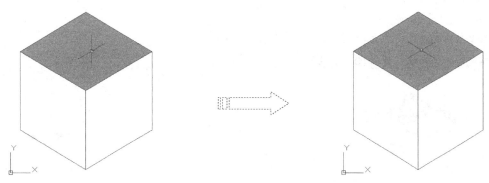

图 10.14　按 "F5" 键切换至顶轴测面

（2）再执行 "椭圆" 命令（ELLIPSE），在命令行中选择 "等轴测圆（I）" 选项；再按 F10 键、F11 键启动相应追踪捕捉功能，捕捉对角线交叉点作为椭圆的圆心点，再输入半径为 25，如图 10.15 所示。

命令：ELLIPSE
指定椭圆轴的端点或 [圆弧(A)/中心点(C)/等轴测圆(I)]：I
指定等轴测圆的圆心：
指定等轴测圆的半径或 [直径(D)]：25

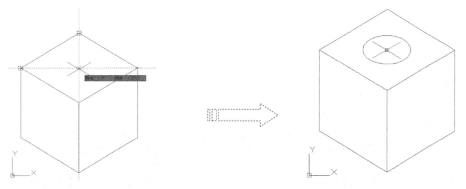

图 10.15　执行 ELLIPSE 绘制圆形轴测图

（3）注意轴测图中绘圆形之前一定要利用 F5 键切换不同面，切换到与圆所在的平面对应的轴测面，这样才能使椭圆看起来像是在轴测面内，否则将显示不正确。如图 10.16 所示。

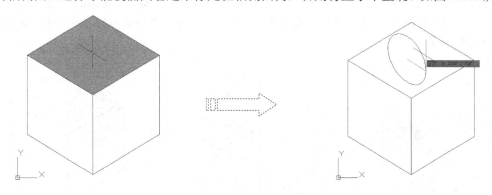

图 10.16　未切换正确的视图状态

（4）另外，使用圆形功能命令 CIRCLE 绘制轴测图中的圆形也不准确。如图 10.17 所示。

命令：CIRCLE

指定圆的圆心或 [三点(3P)/两点(2P)/切点、切点、半径(T)]：

指定圆的半径或 [直径(D)]：25

图 10.17　轴测图中使用 CIRCLE 命令

10.2.4　建筑施工等轴测面内平行线 CAD 绘制方法

轴测面内绘制平行线，不能直接用"偏移"命令（OFFSET）进行，因为"偏移"命令（OFFSET）中的偏移距离是两线之间的垂直距离，而沿 30°方向之间的距离却不等于垂直距离。如图 10.18 所示。

（a）使用 OFFSET 得到的平行线　　　　　　　（b）使用 COPY 得到的平行线

图 10.18　轴测图中平行线绘制

为了避免操作出错，在轴测面内画平行线，一般采用"复制"命令（COPY）；可以结合自动捕捉、自动追踪及正交状态来作图，这样可以保证所画直线与轴测轴的方向一致。在复制轴测图面中的对象时，应按"F5"键切换到相应的轴测面，并移动鼠标来指定移动的方向。如图 10.19 所示。

（a）原图　　　　　　　（b）复制的左轴测面　　　　　　　（c）复制的右轴测面

图 10.19　复制得到轴测图平行线

10.3 建筑施工等轴测图文字与尺寸标注方法

10.3.1 建筑施工等轴测图文字 CAD 标注方法

为了使某个轴测面中的文本看起来像是在该轴测面内，必须根据各轴测面的位置特点将文字倾斜某个角度值，以使它们的外观与轴测图协调起来，否则立体感不强。见图 10.20。

图 10.20 等轴测图文字标注

（1）文字倾斜角度设置 执行"格式"下拉菜单中"文字样式"菜单命令，弹出"文字样式"对话框，在"倾斜角度"文本框中。根据轴测图的不同轴测面来分别设置不同的倾斜角度即可，其中倾斜角度可以为正或负值（如 30、-30 等），然后单击"应用"按钮，然后单击"置为当前"，最后关闭对话框，如图 10.21 所示。

图 10.21 设置文本的倾斜角度

（2）在等轴测面上各文字符号的倾斜规律 如图 10.22 所示，文字的倾斜角与文字的旋转角是不同的两个概念，前者是在水平方向左倾（0～-90°间）或右倾（0～90°间）的角度，后者是绕以文字起点为原点进行 0～360°间的旋转，也就是在文字所在的轴测面内旋转。

① 在<等轴测平面 左视>上，文字需采用-30°倾斜角，同时旋转-30°角。

② 在<等轴测平面 右视>上，文字需采用 30°倾斜角，同时旋转 30°角。

③ 在<等轴测平面 俯视>上，根据方向不同，文字需采用-30°倾斜角、旋转角为 30°；文字采用 30°倾斜角，旋转角为-30°。如图 10.22 所示。

命令：ROTATE

UCS 当前的正角方向：ANGDIR=逆时针 ANGBASE=0

找到 1 个

指定基点：

指定旋转角度，或 [复制(C)/参照(R)] <0>: -30

（a）文字需采用-30°倾斜角、旋转角为 30°

（b）文字采用 30°倾斜角，旋转角为-30°

图 10.22　轴测图中文字角度设置方法

10.3.2　建筑施工等轴测图尺寸 CAD 标注方法

为了让某个轴测面内的尺寸标注看起来像是在这个轴测面中，就需要将尺寸线、尺寸界线倾斜某一个角度，以使它们与相应的轴测平行。同时，标注文本也必须设置成倾斜某一角度的形式，才能使用文本的外观具有立体感。

正等轴测图中线性尺寸的尺寸界线应平行于轴测轴[图 10.22]，而 AutoCAD 中用线性标注命令 DIMLINEAR 在任何图上标注的尺寸线都是水平或竖直的，所以在标注轴测图尺寸时，除竖直尺寸线外，需要用"对齐标注"命令（DIMALIGNED）。

为了符合视觉效果，还需要对尺寸界线和尺寸数字的方向进行调整，使尺寸线与尺寸界线不垂直，尺寸数字的方向与尺寸界线的方向一致，且尺寸数字与尺寸线、尺寸界线应在一个平面内。如图 10.23 所示。

（1）设置文字样式　在等轴测图中标注平行于轴测面的线性尺寸，尺寸的文字样式倾斜方向要求如下。

① 在 XOY 轴测面上，当尺寸界线平行于 X 轴时，文字样式倾角为 30°；当尺寸界线

平行于 Y 轴时，文字样式倾角为-30°。

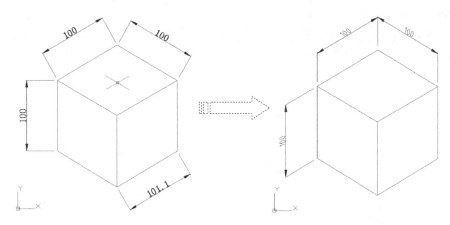

图 10.23 轴测图中的尺寸标注

② 在 YOZ 轴测面上，当尺寸界线平行于 Y 轴时，文字样式倾角为 30°；当尺寸界线平行于 Z 轴时，文字样式倾角为-30°。

③ 在 XOY 轴测面上，当尺寸界线平行于 X 轴时，文字样式倾角为-30°；当尺寸界线平行于 Z 轴时，文字样式倾角为 30°。

因此，各轴测面内的尺寸中文字样式的倾斜分为 30°或-30°两种情况，因此，在轴测图尺寸标注前，应首先建立倾角分别为30°或-30°两种文字样式，应用合适的文字样式控制尺寸数字的倾斜角度，就能保证尺寸线、尺寸界线和尺寸数值看起来是在一个平面内。

打开"格式"下拉菜单选择"文字样式"菜单命令，弹出"文字样式"对话框（或在"命令："输入"STYLE"功能命令）。首先新建文字样式"样式 30"，并设置字体为"gbeitc"和倾斜角度为 30；同样，再新建文字样式"样式-30"，并设置字体为"gbeitc"和倾斜角度为-30，如图 10.24 所示。然后点击"应用"、"关闭"即可。

图 10.24 建立文字样式

（2）调整尺寸界线与尺寸线的夹角 尺寸界线与尺寸线均倾斜，需要通过倾斜命令 DIMEDIT 来完成，当尺寸界线结果与 X 轴平行时，倾斜角度为 30°；当尺寸界线结果与 Y 轴平行时，倾斜角度为-30°；当尺寸界线结果与 Z 轴平行时，倾斜角度为 90°。

操作方法是打开"标注"下拉菜单选择"倾斜"命令选项，即可将选中的尺寸倾斜需要的角度，根据轴测图方向进行尺寸角度，倾斜即可得到需要的结果。如图 10.25 所示。

命令：DIMEDIT

输入标注编辑类型 [默认(H)/新建(N)/旋转(R)/倾斜(O)] <默认>：O

选择对象：找到 1 个

选择对象：

输入倾斜角度 (按 ENTER 表示无)：30

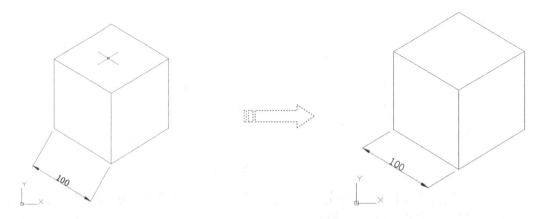

图 10.25　调整标注尺寸夹角

（3）等轴测图尺寸标注示例

① 按前述方法使用"STYLE"功能命令建立新的文字样式"样式 30"、"样式-30"。参见前图 10.24。

② 先使用"对齐标注"命令进行轴测图尺寸标注。在"尺寸标注"工具栏中的单击"对齐标注"按钮，对图形进行对齐标注操作，此时不必选择什么文字样式，如图 10.26 所示。

命令：DIMALIGNED

指定第一个尺寸界线原点或 <选择对象>：

指定第二条尺寸界线原点：

指定尺寸线位置或[多行文字(M)/文字(T)/角度(A)]：

标注文字 = 100

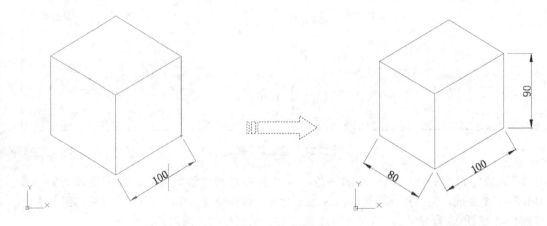

图 10.26　对齐标注

③ 然后倾斜尺寸。打开"标注"下拉菜单选择"倾斜"命令选项，即可将选中的尺寸倾斜需要的角度，分别将尺寸为 90 的倾 30°，将尺寸为 80 的倾斜 90°，将尺寸为 100 的

倾斜–30°，即可得到如图 10.27 所示的结果。

命令: DIMEDIT

输入标注编辑类型 [默认(H)/新建(N)/旋转(R)/倾斜(O)] <默认>: O

选择对象: 找到 1 个

选择对象:

输入倾斜角度 (按 ENTER 表示无): 90

图 10.27　倾斜尺寸标注

④ 然后修改标注文字样式。将尺寸分别为 90、80 和 100 的标注样式中的"文字样式"修改为"样式–30"，即可完成规范的等轴测图的尺寸标注，如图 10.28 所示。

图 10.28　修改标注文字样式

10.4　建筑施工轴测图 CAD 绘制案例

本节轴测图绘制案例以图 10.29 所示某常见零件的轴测图为例，讲解其 CAD 快速绘制方法。建筑施工的轴测图绘制方法与此类似，掌握了其中的绘制方法与技巧，即可进行建筑施工有关轴测图绘制。

(a) 平面视图   (b) 轴测图

图 10.29   某常见零件轴测图

（1）激活为等轴测图绘图状态，然后按"F5"键切换至 <等轴测平面 俯视>。

操作方法：选择"工具"下拉菜单中"绘图设置"菜单命令，打开"草图设置"对话框，在"捕捉和栅格"选项卡中选择"等轴测捕捉"单选项，然后单击"确定"按钮即可激活。

操作命令：SNAP、F5 键等。

■ 命令：SNAP

指定捕捉间距或 [开(ON)/关(OFF)/纵横向间距(A)/样式(S)/类型(T)] <11.0000>：S

输入捕捉栅格类型 [标准(S)/等轴测(I)] <S>：I

指定垂直间距 <11.0000>：1

■ 命令： <等轴测平面 俯视>

操作示意：图 10.30。

图 10.30   切换至 <等轴测平面 俯视>

（2）进行零件轴测图底部矩形轮廓绘制。

操作方法：按 F8 键切换到"正交"模式，然后执行"直线"命令（LINE），绘制 80mm×50mm 的矩形对象。按 F5 键切换至<等轴测平面 右视>、<等轴测平面 左视>配合绘制。

操作命令：LINE 等。

命令：LINE

指定第一点：

指定下一点或 [放弃(U)]：80

指定下一点或 [放弃(U)]：50

指定下一点或 [闭合(C)/放弃(U)]: 80

指定下一点或 [闭合(C)/放弃(U)]: C

操作示意: 图 10.31。

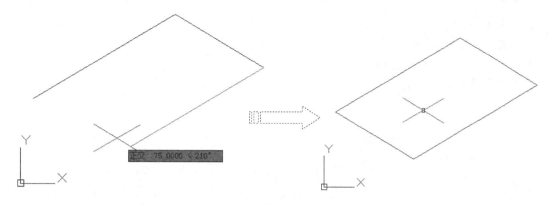

图 10.31　绘制底部矩形轮廓

（3）执行"复制"命令进行复制。

操作方法: 按 F5 键切换至<等轴测平面 右视>，将绘制的对象垂直向上复制，复制的距离为 10mm。

操作命令: COPY 等。

■　命令：　<等轴测平面 右视>

■　命令：COPY

选择对象：找到 1 个

选择对象：指定对角点：找到 2 个，总计 3 个

选择对象：找到 1 个，总计 4 个

选择对象：

当前设置：　复制模式 = 多个

指定基点或 [位移(D)/模式(O)] <位移>:

指定第二个点或 [阵列(A)] <使用第一个点作为位移>: 10

指定第二个点或 [阵列(A)/退出(E)/放弃(U)] <退出>:

操作示意: 图 10.32。

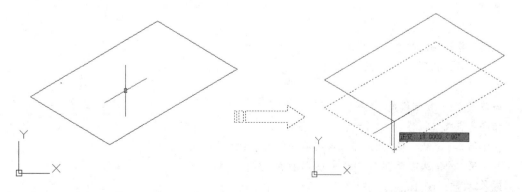

图 10.32　复制矩形

（4）对上下图形轮廓进行连接。

操作方法：执行"直线"命令来连接直线段，从而绘制长方体对象。

操作命令：LINE 等。

命令：LINE

指定第一点：

指定下一点或 [放弃(U)]：

指定下一点或 [放弃(U)]：(回车)

操作示意：图 10.33。

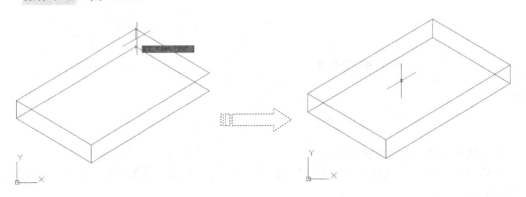

图 10.33　对上下图形轮廓进行连接

（5）绘制小长方体轮廓。

操作方法：按 F5 键切换至<等轴测平面 俯视>，然后按前述大长方体同样的方法，绘制 30mm×80mm×5mm 的小长方体对象。

操作命令：LINE、COPY 等。

■ 命令： <等轴测平面 俯视>

■ 命令： LINE

指定第一点：

指定下一点或 [放弃(U)]：80

指定下一点或 [放弃(U)]：30

指定下一点或 [闭合(C)/放弃(U)]：80

指定下一点或 [闭合(C)/放弃(U)]：C

■ 命令：COPY

选择对象：找到 1 个

选择对象：指定对角点：找到 2 个，总计 3 个

选择对象：找到 1 个，总计 4 个

选择对象：

当前设置： 复制模式 = 多个

指定基点或 [位移(D)/模式(O)] <位移>：

指定第二个点或 [阵列(A)] <使用第一个点作为位移>：5

指定第二个点或 [阵列(A)/退出(E)/放弃(U)] <退出>：

操作示意：图 10.34。

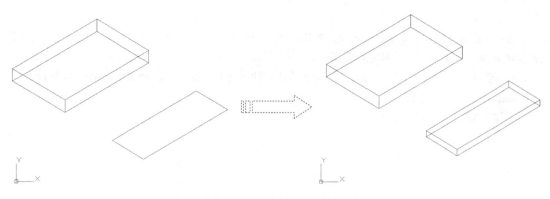

图 10.34　绘制小长方体轮廓

（6）执行"移动"命令，将绘制的小长方体移至大长方体相应的中点位置。

操作方法： 按 F3 键启动捕捉功能，选择小长方体的端部底边轮廓线中心点作为移动基点，然后选择大长方体端部顶边轮廓线中心点作为移动第二个点。同时结合 F8 按键。

操作命令： MOVE 等。

命令：MOVE

选择对象：找到 1 个

选择对象：指定对角点：找到 8 个，总计 11 个

选择对象：指定对角点：找到 1 个，总计 12 个

选择对象：

指定基点或 [位移(D)] <位移>：

指定第二个点或 <使用第一个点作为位移>： <正交 关>

操作示意： 图 10.35。

图 10.35　小长方体移至大长方体相应的中点位置

（7）进行长方体线条修剪及删除。

操作方法： 根据效果执行"修剪"命令，将多余的线段进行修剪。

操作命令： TRIM、ERASE 等。

命令：TRIM

当前设置：投影=UCS，边=无

选择剪切边...

选择对象或 <全部选择>： 找到 1 个

选择对象：找到 1 个，总计 2 个

选择对象：

选择要修剪的对象，或按住 Shift 键选择要延伸的对象，或[栏选(F)/窗交(C)/投影(P)/边(E)/删除(R)/放弃(U)]： 指定对角点：

选择要修剪的对象，或按住 Shift 键选择要延伸的对象，或[栏选(F)/窗交(C)/投影(P)/边(E)/删除(R)/放弃(U)]：

操作示意： 图 10.36。

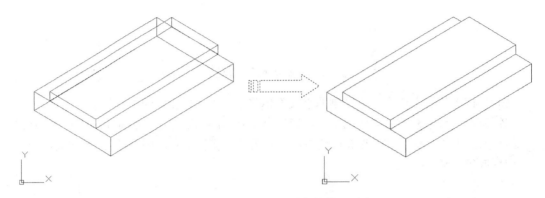

图 10.36 进行长方体线条修剪及删除

（8）结合捕捉功能绘制辅助线。

操作方法： 按 "F5" 键切换至 <等轴测平面 俯视>，执行 "直线" 命令，过相应中点绘制辅助中心线，再执行 "复制" 命令，将指定直线段水平向右复制 10mm 和 15mm。可以将其复制的直线段线型转换为点划线线型作为 "中心线" 对象。

操作命令： LINE、COPY 等。

命令：COPY

选择对象：找到 1 个

选择对象：

当前设置： 复制模式 = 多个

指定基点或 [位移(D)/模式(O)] <位移>：

指定第二个点或 [阵列(A)] <使用第一个点作为位移>：111.5

指定第二个点或 [阵列(A)/退出(E)/放弃(U)] <退出>：311.5

指定第二个点或 [阵列(A)/退出(E)/放弃(U)] <退出>：

操作示意： 图 10.37。

图 10.37 绘制辅助线

（9）绘制轴测图中的两个小圆形。

操作方法： 执行"椭圆"命令，根据命令行提示选择"等轴测圆（I）"选项，分别指定中心线的交点作为圆心点，以及输入圆的半径值为 11.5mm；再执行直线等命令，连接相应的交点。

操作命令： ELLIPSE、LINE 等。

命令：ELLIPSE

指定椭圆轴的端点或 [圆弧(A)/中心点(C)/等轴测圆(I)]：I

指定等轴测圆的圆心：

指定等轴测圆的半径或 [直径(D)]：11.5

操作示意： 图 10.38。

图 10.38　绘制轴测图中的两个小圆形

（10）对小圆形进行剪切。

操作方法： 通过修剪操作，形成长椭圆效果。

操作命令： TRIM 等。

操作示意： 图 10.39。

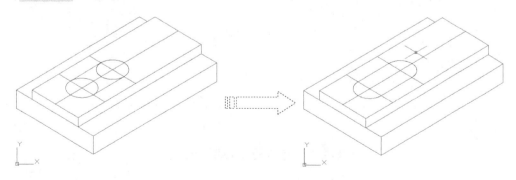

图 10.39　对小圆形进行剪切

（11）对长椭圆进行复制。

操作方法： 按 F5 键转换至<等轴测平面 右视>，将该长椭圆效果垂直向下复制，复制的距离为 5mm。

操作命令： COPY 等。

命令：COPY

选择对象：找到 1 个

选择对象：找到 1 个，总计 2 个

选择对象：找到 1 个，总计 3 个

选择对象：找到 1 个，总计 4 个

选择对象：

当前设置： 复制模式 = 多个

指定基点或 [位移(D)/模式(O)] <位移>：

指定第二个点或 [阵列(A)] <使用第一个点作为位移>：5

指定第二个点或 [阵列(A)/退出(E)/放弃(U)] <退出>：

操作示意：图 10.40。

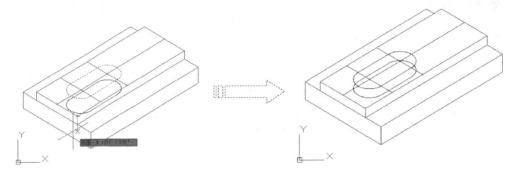

图 10.40　对长椭圆进行复制

（12）对复制的长椭圆进行修剪。

操作方法：执行修剪、删除等命令，将多余的对象进行修剪、删除，从而形成键槽效果。

操作命令：TRIM、ERASE 等。

操作示意：图 10.41。

图 10.41　对复制的长椭圆进行修剪

（13）绘制零件轴测图中的大圆形轮廓。

操作方法：按 F5 键切换至 <等轴测平面 俯视>，先复制底边轮廓线作为辅助线。执行"椭圆"命令，根据命令行提示选择"等轴测圆（I）"选项，分别指定中心线的交点作为圆心点，以及输入圆的半径值为 25mm。

操作命令：COPY、ELLIPSE 等。

操作示意：图 10.42。

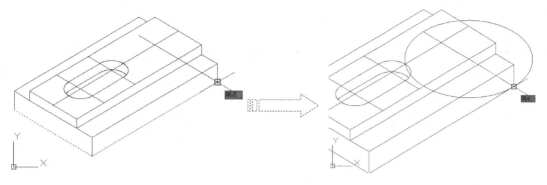

图 10.42　绘制大圆形轮廓

（14）对大圆形进行复制。

操作方法： 再执行复制命令，按 F5 键转换至<等轴测平面 右视>，将该等轴测圆对象垂直向上复制，复制的距离分别为 10mm、15mm 和 40mm。

操作命令： COPY 等。

命令：COPY

选择对象：找到 1 个

选择对象：

当前设置：复制模式 = 多个

指定基点或 [位移(D)/模式(O)] <位移>：

指定第二个点或 [阵列(A)] <使用第一个点作为位移>：10

指定第二个点或 [阵列(A)/退出(E)/放弃(U)] <退出>：<正交 开> 15

指定第二个点或 [阵列(A)/退出(E)/放弃(U)] <退出>：40

指定第二个点或 [阵列(A)/退出(E)/放弃(U)] <退出>：

操作示意： 图 10.43。

图 10.43　对大圆形进行复制

（15）连接复制得到的各个大圆形轮廓线。

操作方法： 捕捉象限点进行绘制。

操作命令： LINE 等。

操作示意： 图 10.44。

（16）对复制得到的各个大圆形轮廓线进行修剪。

操作方法： 执行"修剪"命令，将多余的圆弧和直线段进行修剪，并删除多余线条。注

图 10.44　连接各个大圆形轮廓线

意中间两个大圆形要连接部分短轮廓线。

操作命令：TRIM、ERASE、LINE 等。

操作示意：图 10.45。

图 10.45　修剪大圆形轮廓线

（17）继续进行修剪，直至完成。

操作方法：注意各个轮廓线关系。

操作命令：TRIM、LINE 等。

操作示意：图 10.46。

图 10.46　继续进行修剪

（18）在轴测图中创建大圆形中间的中圆形轮廓。

操作方法： 按 F5 键转换至 <等轴测平面 俯视>。执行"椭圆"命令，根据命令行提示选择"等轴测圆（I）"选项，捕捉指定大圆形的圆心位置作为圆心点，以及输入圆的半径值为 15mm。

操作命令： ELLIPS 等。

命令：ELLIPSE

指定椭圆轴的端点或 [圆弧(A)/中心点(C)/等轴测圆(I)]：I

指定等轴测圆的圆心：

指定等轴测圆的半径或 [直径(D)]：15

操作示意： 图 10.47。

图 10.47　创建大圆形中间的中圆形轮廓

（19）完成零件的轴测图绘制。

操作方法： 及时保存图形。

操作命令： ZOOM、SAVE 等。

操作示意： 图 10.48。

图 10.48　完成零件的轴测图绘制

（20）进行零件轴测图尺寸及文字标注。

操作方法： 轴测图的尺寸、文字标注方法参见前面小节所述，限于篇幅，具体标注操作过程在此从略。其他轴测图绘制方法类似，按前述方法练习绘制图其他零件轴测图。

操作命令： DIMALIGNED、 DIMEDIT、MTEXT、PLINE 等。

■ 命令：DIMALIGNED

指定第一个尺寸界线原点或 <选择对象>：

指定第二条尺寸界线原点：

创建了无关联的标注。

指定尺寸线位置或

[多行文字(M)/文字(T)/角度(A)]：

标注文字 = 50

■ 命令：DIMEDIT

输入标注编辑类型 [默认(H)/新建(N)/旋转(R)/倾斜(O)] <默认>：O

选择对象：找到 1 个

选择对象：

输入倾斜角度 (按 ENTER 表示无)：90

操作示意：图 10.49。

图 10.49　零件轴测图尺寸及文字标注

第**11**章

建筑施工 CAD 图打印与转换输出

建筑施工各种 CAD 图形绘制完成后，需要打印输出，即打印成图纸供使用。此外，CAD 图形还可以输出为其他格式电子数据文件（如 PDF 格式文件、JPG 和 BMP 格式图像文件等），供 Word 文档使用，方便施工方案编制，实现 CAD 图形与 Word 文档互通共享。

11.1 建筑施工 CAD 图形打印

建筑施工 CAD 图纸打印是指利用打印机或绘图仪，将图形打印到图纸上。

11.1.1 建筑施工 CAD 图形打印设置

CAD 图形打印设置，通过"打印-模型"或"打印-布局**"对话框进行。启动该对话框有如下几种方法。

■ 打开【文件】下拉菜单 ，选择【打印】命令选项。

■ 在【标准】工具栏上的单击【打印】命令图标 🖶 。

■ 在"命令:"命令行提示下直接输入 PLOT 命令。

■ 使用命令按键，即同时按下 Ctrl+P 键。

■ 使用快捷菜单命令，即在"模型"选项卡或布局选项卡上单击鼠标右键，在弹出的菜单中单击"打印"，如图 11.1 所示。

执行上述操作后，AutoCAD 将弹出"打印-模型"或"打印-布局**"对话框，如图 11.2 所示。若单击对话框右下角的"更多选项"按钮，可以在"打印"对话框中显示更多选项，如图 11.3 所示。

"打印-模型"对话框中各个选项单功能含义和设置方法如下所述。

（1）页面设置。

"页面设置"对话框的标题显示了当前布局的名称。列出图形中已命名或已保存的页面设置；可以将图形中保存的命名页面设置作为当前页面设置，也可以在"打印-模型"对话框中单击"添加"，基于当前设置创建一个新的命名页面设置。

图 11.1　使用快捷菜单打印

图 11.2　"打印-模型"对话框

图 11.3　"打印-模型"对话框全图

　　若使用与前一次打印方法相同（包括打印机名称、图幅大小、比例等），可以选择"上一次打印"或选择"输入"在文件夹中选择保存的图形页面设置，如图 11.4 所示；也可以添加新的页面设置，如图 11.5 所示。

图 11.4　选择"上一次打印"

图 11.5　添加新的页面设置

（2）打印机／绘图仪。

在 AutoCAD 中，非系统设备称为绘图仪，Windows 系统设备称为打印机。

该选项是指定打印布局时使用已配置的打印设备。如果选定绘图仪不支持布局中选定的图纸尺寸，将显示警告，用户可以选择绘图仪的默认图纸尺寸或自定义图纸尺寸。打开下拉列表，其中列出可用的 PC3 文件或系统打印机，可以从中进行选择，以打印当前布局。设备名称前面的图标识别其为 PC3 文件还是系统打印机，如图 11.6 所示。PC3 文件是指 AutoCAD 将有关介质和打印设备的信息存储在配置的打印文件（PC3）中的文件类型。

　　右侧"特性"按钮，是显示绘图仪配置编辑器（PC3 编辑器），从中可以查看或修改当前绘图仪的配置、端口、设备和介质设置，如图 11.7 所示。如果使用"绘图仪配置编辑器"更改 PC3 文件，将显示"修改打印机配置文件"对话框。

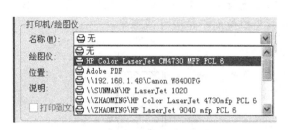

<table>
<tr><td>图 11.6　选择打印机类型</td><td>图 11.7　打印机特性</td></tr>
</table>

（3）打印到文件。

　　打印输出到文件而不是绘图仪或打印机。打印文件的默认位置是在"选项"对话框→"打印和发布"选项卡→"打印到文件操作的默认位置"中指定的。如果"打印到文件"选项已打开，单击"打印-模型"对话框中的"确定"将显示"浏览打印文件"对话框（标准文件浏览对话框），文件类型为"*.plt"格式文件，如图 11.8 所示。"*.plt"格式文件有如下优点。

　　① 可以在没有装 AutoCAD 软件的电脑来打印 AutoCAD 文件。

　　② 可以用本机没有而别的电脑有的打印机来实现打印，只要本机上安装一个并不存在的虚拟打印机来打印即可。

　　③ 将 AutoCAD 打印文件发给需要的人，而不必给出 AutoCAD 的 dwg 文件，以达到给了图纸而保密 dwg 文件的目的。

　　④ 便于打印文件时的大量打印，特别对于有拼图功能的绘图仪更可以达到自动拼图的目的，在打印时输入：copy 路径*.plt prn，就会把指定路径下的所有打印文件全部在目标打印机上打印出来。

图 11.8　打印到文件

（4）局部预览。

在对话框约中间位置，"局部预览"是精确显示相对于图纸尺寸和可打印区域的有效打印区域，提示显示图纸尺寸和可打印区域，如图 11.9 左侧图所示。若图形比例大，打印边界超出图纸范围，"局部预览"将显示红线，如图 11.9 右侧图所示。

（5）图纸尺寸。

显示所选打印设备可用的标准图纸尺寸，如图 11.10 所示。如果未选择绘图仪，将显示全部标准图纸尺寸的列表以供选择。如果所选绘图仪不支持布局中选定的图纸尺寸，将显示警告，用户可以选择绘图仪的默认图纸尺寸或自定义图纸尺寸。页面的实际可打印区域（取决于所选打印设备和图纸尺寸）在布局中由虚线表示；如果打印的是光栅图像（如 BMP 或 TIFF 文件），打印区域大小的指定将以像素为单位而不是英寸或毫米。

图 11.9　局部预览功能

图 11.10　选择打印图纸尺寸

（6）打印区域。

指定要打印的图形部分。在"打印范围"下，可以选择要打印的图形区域。

a. 布局/图形界限。打印布局时，将打印指定图纸尺寸的可打印区域内的所有内容，其原点从布局中的（0,0）点计算得出。从"模型"选项卡打印时，将打印栅格界限定义的整个图形区域。如果当前视口不显示平面视图，该选项与"范围"选项效果相同。

b. 范围。打印包含对象的图形的部分当前空间。当前空间内的所有几何图形都将被打印。打印之前，可能会重新生成图形以重新计算范围。

c. 显示。打印选定的"模型"选项卡当前视口中的视图或布局中的当前图纸空间视图。

d. 视图。打印先前通过 VIEW 命令保存的视图。可以从列表中选择命名视图。如果图形中没有已保存的视图，此选项不可用。选中"视图"选项后，将显示"视图"列表，列出当前图形中保存的命名视图。可以从此列表中选择视图进行打印。

　e. 窗口。打印指定的图形部分。如果选择"窗口"，"窗口"按钮将成为可用按钮。单击"窗口"按钮以使用定点设备指定要打印区域的两个角点，或输入坐标值。这种方式最为常用，如图 11.11 所示。

图 11.11　窗口选择打印范围

（7）打印份数。

　指定要打印的份数，从 1 份至多份，份数无限制。若是打印到文件时，此选项不可用。

（8）打印比例。

　根据需要，对图形打印比例进行设置。一般地，在绘图时图形是以毫米（mm）为单位，按 1：1 绘制的，即设计大的图形长 1m（1000mm），绘制时绘制 1000mm。因此，打印时可以使用任何需要的比例进行打印，包括按布满图纸范围打印、自行定义打印比例大小，如图 11.12 所示。

（a）按布满图纸范围打印　　　　　　　（b）自行定义打印比例大小

图 11.12　打印比例设置

（9）打印偏移。

　根据"指定打印偏移时相对于"选项（"选项"对话框 "打印和发布"选项卡）中的设置，指定打印区域相对于可打印区域左下角或图纸边界的偏移。"打印-模型"对话框的"打印偏移"区域显示了包含在括号中的指定打印偏移选项。图纸的可打印区域由所选输出设备决定，在布局中以虚线表示。修改为其他输出设备时，可能会修改可打印区域。

　通过在"X 偏移"和"Y 偏移"框中输入正值或负值，可以偏移图纸上的几何图形。图纸中的绘图仪单位为英寸或毫米，如图 11.13 所示。

a. 居中打印。自动计算 X 偏移和 Y 偏移值，在图纸上居中打印。当"打印区域"设置为"布局"时，此选项不可用。

b. X。相对于"打印偏移定义"选项中的设置指定 X 方向上的打印原点。

c. Y。相对于"打印偏移定义"选项中的设置指定 Y 方向上的打印原点。

（a）"选项"对话框中的设置

（b）"打印"对话框中的设置

图 11.13　打印偏移方式

（10）预览。

单击对话框左下角的"预览"按钮，也可以执行 PREVIEW 命令，系统将在图纸上以打印的方式显示图形打印预览效果，如图 11.14 所示。要退出打印预览并返回"打印"对话框，请按 Esc 键，然后按 Enter 键，或单击鼠标右键，然后单击快捷菜单上的"退出"。

图 11.14　打印效果（预览）

（11）其他选项简述。

在其他选项中，最为常用的是"打印样式表（笔指定）"和"图形方向"。

a. 打印样式表。打印样式表（笔指定）即设置、编辑打印样式表，或者创建新的打印样式表，如图 11.15 所示。

图 11.15　打印样式表

名称（无标签）一栏显示指定给当前"模型"选项卡或"布局"选项卡的打印样式表，并提供当前可用的打印样式表的列表。如果选择"新建"，将显示"添加打印样式表"向导，可用来创建新的打印样式表。显示的向导取决于当前图形是处于颜色相关模式还是处于命名模式。一般地，要打印为黑白颜色的图纸，选择其中的 monochrome.ctb 即可；要按图面显示的颜色打印，选择"无"即可。

单击"编辑"按钮显示"打印样式表编辑器"，从中可以查看或修改当前指定的打印样式表中的打印样式。

b. 图形方向。图形方向是为支持纵向或横向的绘图仪指定图形在图纸上的打印方向，图纸图标代表所选图纸的介质方向，字母图标代表图形在图纸上的方向，如图 11.16 所示。

图 11.16　图形方向选择

纵向放置并打印图形，使图纸的短边位于图形页面的顶部；横向放置并打印图形，使图纸的长边位于图形页面的顶部，如图 11.17 所示。

（a）纵向放置　　　　　　　　　　　　（b）横向放置

图 11.17　图形方向打印效果

11.1.2 建筑施工 CAD 图形打印

建筑施工 CAD 图形绘制完成后，按下面的方法即可通过打印机将图形打印到图纸上。

（1）先打开图形文件。

（2）启动"打印"功能命令，可以通过如下方式启动。

● 依次单击"文件"下拉菜单，选择"打印"命令选项。

● 单击"标准"工具栏上的"打印"图标 🖶。

● 在命令提示下，输入"plot"。

（3）在"打印"对话框的"打印机/绘图仪"下，从"名称"列表中选择一种绘图仪，如图 11.18 所示。

（4）在"图纸尺寸"下，从"图纸尺寸"框中选择图纸尺寸。并在"打印份数"下，输入要打印的份数，具体设置操作参见第 11.1.1 节所述。

图 11.18 选择打印机

（5）在"打印区域"下，指定图形中要打印的部分。设置打印位置（包括向 X、Y 轴方向偏移数值或居中打印）。同时注意在"打印比例"下，从"比例"框中选择缩放比例。具体设置操作参见第 11.1.1 节所述。

（6）有关其他选项的信息，请单击"其他选项"按钮 ⊙。注意打印戳记只在打印时出现，不与图形一起保存。

a.（可选）在"打印样式表（笔指定）"下，从"名称"框中选择打印样式表。

b.（可选）在"着色视口选项"和"打印选项"下，选择适当的设置。

（7）在"图形方向"下，选择一种方向，具体设置操作参见第 11.1.1 节所述。

（8）单击"预览"查看预览打印效果，如图 11.19（a）所示，然后单击右键，在弹出的快捷菜单中选择"打印"或"退出"，如图 11.19（b）所示。

（a）打印效果预览

（b）快捷菜单打印

图 11.19 打印预览

11.2 建筑施工 CAD 图形输出其他格式图形文件方法

11.2.1 CAD 图形输出为 PDF 格式图形文件

PDF 格式数据文件是指 Adobe 便携文档格式（Portable Document Format，PDF）文件。PDF 是进行电子信息交换的标准，可以轻松分发 PDF 文件，以在 Adobe Reader 软件（注：Adobe Reader 软件可从 Adobe 网站免费下载获取）中查看和打印。此外，使用 PDF 文件的图形，不需安装 AutoCAD 软件，可以与任何人共享图形数据信息，浏览图形数据文件。

输出图形数据 PDF 格式文件方法如下。

（1）在命令提示下，输入"plot"启动打印功能。

（2）在"打印"对话框的"打印机/绘图仪"下的"名称"框中，从"名称"列表中选择 DWG to PDF.pc3 配置。可以通过指定分辨率来自定义 PDF 输出。在绘图仪配置编辑器中的"自定义特性"对话框中，可以指定矢量和光栅图像的分辨率，分辨率的范围为 150～4800 dpi（最大分辨率），如图 11.20 所示。

（3）也可以选择 Adobe PDF 打印输出为 PDF 图形文件，操作方法类似 DWG to PDF.pc3 方式（注：使用此种方法需要安装软件 Adobe Acrobat）。

图 11.20 选择 DWG to PDF.pc3 或 Adobe PDF

（4）根据需要为 PDF 文件选择打印设置，包括图纸尺寸、比例等，具体参见第 11.1 节所述。然后单击"确定"。

（5）打印区域通过单击"窗口"按钮选择图形输出范围，如图 11.21 所示。

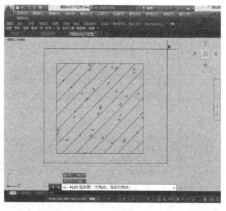

图 11.21 选择图形打印输出 PDF 范围

（6）在"浏览打印文件"对话框中，选择一个位置并输入 PDF 文件的文件名，如图 11.22

所示。最后单击"保存",即可得到*.PDF 为后缀的 PDF 格式的图形文件。

图 11.22　输出 PDF 图形文件

11.2.2　CAD 图形输出为 JPG／BMP 格式图形文件

AutoCAD 可以将图形以非系统光栅驱动程序支持若干光栅文件格式（包括 Windows BMP、CALS、TIFF、PNG、TGA、PCX 和 JPEG）输出，其中最为常用的是 BMP 和 JPG 格式光栅文件。创建光栅文件需确保已为光栅文件输出配置了绘图仪驱动程序，即在"打印机/绘图仪"一栏内显示相应的名称（如选择 PublishToWeb JPG.pc3），如图 11.23 所示。

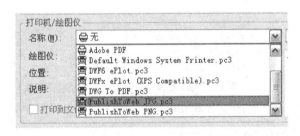

图 11.23　JPG 打印设备

（1）输出 JPG 格式光栅文件方法如下。

● 在命令提示下，输入 plot 启动打印功能。

● 在"打印-模型"对话框的"打印机/绘图仪"下，在"名称"框中，从列表中选择光栅格式配置绘图仪为 PublishToWeb JPG.pc3，如图 11.23 所示。

● 根据需要为光栅文件选择打印设置，包括图纸尺寸、比例等，具体设置操作参见第 11.1 节所述。然后单击"确定"。系统可能会弹出"绘图仪配置不支持当前布局的图纸尺寸"之类的提示，此时可以选择其中任一个进行打印。例如选择"使用自定义图纸尺寸并将其添加到绘图仪配置"，然后可以在图纸尺寸列表中选择合适的尺寸，如图 11.24 所示。

图 11.24　自定义图纸尺寸

● 通过单击"窗口"按钮选择出 PDF 格式文件的图形范围，如图 11.25 所示。

图 11.25　选择出 JPG 格式文件的图形范围

● 在"浏览打印文件"对话框中，选择一个位置并输入光栅文件的文件名。然后单击"保存"，如图 11.26 所示。

图 11.26　输出 JPG 格式图形文件

（2）输出 BMP 格式光栅文件方法如下。

● 打开文件下拉菜单，选择"输出"命令选项。如图 11.27 所示。

● 在"输出数据"对话框中，选择一个位置并输入光栅文件的文件名，然后在文件类型中选择"位图（*.bmp）"，接着单击"保存"。如图 11.28 所示。

图 11.27　选择输出

图 11.28　选择 bmp 格式类型

● 然后返回图形窗口，选择输出为 BMP 格式数据文件的图形范围，最后按回车即可。如图 11.29 所示。

命令：EXPORT

选择对象或 <全部对象和视口>：指定对角点：找到 1 个

选择对象或 <全部对象和视口>：

图 11.29　选择输出图形范围得到 BMP 文件

11.3　建筑施工 CAD 图形应用到 Word 文档方法

本节介绍如何将建筑施工 CAD 图形应用到 Word 文档中，轻松实现 CAD 图形的文档应用功能。

11.3.1　使用 "Prt sc" 按键复制应用到 Word 中

（1）CAD 绘制图形完成后，使用 ZOOM 功能命令将要使用的图形范围放大至充满整个屏幕区域。如图 11.30 所示。

图 11.30　调整图形显示范围

命令：ZOOM

指定窗口的角点，输入比例因子（nX 或 nXP），或者

[全部(A)/中心(C)/动态(D)/范围(E)/上一个(P)/比例(S)/窗口(W)/对象(O)]＜实时＞：W
（或输入 E）

指定第一个角点：指定对角点：

（2）按下键盘上的"Prt sc"键，将当前计算机屏幕上所有显示的图形复制到 Windows
系统的剪贴板上了。然后切换到 Word 文档窗口中，单击右键，在快捷键上选择"粘贴"或
按"Ctrl+V"组合键。图形图片即可复制到 Word 文档光标位置。如图 11.31 所示。

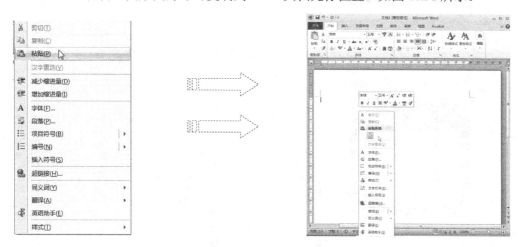

图 11.31　粘贴图形到 Word 文档中

（3）在 Word 文档窗口中，单击图形图片，在"格式"菜单下选择图形工具的"裁剪"。
如图 11.32 所示。

图 11.32　执行 Word 的"裁剪"工具

（4）将光标移动至图形图片处，单击光标拖动即可进行裁剪。如图 11.33 所示。

（5）移动光标至图形图片另外一边或对角处，单击光标拖动即可进行裁剪。完成图形图
片操作，即可使用 CAD 绘制的图形。可以在 Word 文档中将图片复制移动任意位置使用。如
图 11.34 所示。

图 11.33　拖动光标进行图形图片裁剪

图 11.34　完成图形图片裁剪

11.3.2　通过输出 PDF 格式文件应用到 Word 中

（1）按照本章前述方法将 CAD 绘制的图形输出为 PDF 格式文件，输出的图形文件保存电脑某个目录下，本案例输出的图形名称为"*** Model (1).pdf"，例如"节点大样图 Model (1).pdf"。如图 11.35 所示。

图 11.35　将图形输出为 PDF 格式文件

（2）在电脑中找到"*** Model (1).pdf"文件，即"节点大样图 Model (1).pdf"，单击选中，然后单击右键弹出快捷菜单，在快捷菜单上选择"复制"，将图形复制到 Windows 系统剪贴板中。如图 11.36 所示。

图 11.36　将 PDF 图形文件复制到剪贴板中

（3）切换到 Word 文档中，在需要插入图形的地方单击右键选择快捷菜单中的"粘贴"；或按"Ctrl+V"组合键。将剪贴板上的 PDF 格式图形复制到 Word 文档中光标位置。如图 11.37 所示。

图 11.37　将 PDF 图形文件粘贴到 Word 文档中

（4）注意，插入的 PDF 图形文件大小与输出文件大小有关，需要进行调整适合 Word 文档窗口。方法是单击选中该文件，按住左键拖动光标调整其大小即可。如图 11.38 所示。

图 11.38　调整适合 Word 文档窗口

（5）此外，使用 PDF 格式文件复制，其方向需要在 CAD 输出 PDF 时调整合适方向及角度（也可以在 Acrobat pro 软件中调整），因为其不是图片 JPG/BMP 格式，PDF 格式文件插入 Word 文档后不能裁剪和旋转，单击右键快捷菜单选择"设置对象格式"，其中"旋转"不能使用。此乃此种 CAD 图形转换应用方法的不足之处。如图 11.39 所示。

（a）插入的 PDF 图形文件"设置对象格式"中"旋转"不能使用

（b）Acrobat pro 软件中调整图形方向

（c）PDF 文件插入 Word 文档的图形方向

图 11.39　关于 PDF 格式文件的方向及裁剪

11.3.3　通过输出 JPG/BMP 格式文件应用到 Word 中

（1）按照本章前述方法将 CAD 绘制的图形输出为 JPG 格式图片文件，输出的图形图片文件保存电脑某个目录下，本案例输出的图形名称类似"***.jpg"，例如"节点大样图.jpg"。如图 11.40 所示。

（2）在电脑中找到"***.jpg"文件，即"节点大样图.jpg"，单击选中，然后单击右键弹出快捷菜单，在快捷菜单上选择"复制"，将图形复制到 Windows 系统剪贴板中。如图 11.41 所示。

（3）切换到 Word 文档中，在需要插入图形的地方单击右键选择快捷菜单中的"粘贴"；或按"Ctrl+V"组合键。将剪贴板上的 JPG 格式图形图片复制到 Word 文档中光标位置。插入的图片比较大，需要调整图纸大小适合 Word 窗口使用。如图 11.42 所示。

图 11.40　输出 JPG 格式图形图片文件

图 11.41　复制 JPG 图形图片文件

图 11.42　粘贴图形图片文件到 Word 文档中

（4）利用 Word 文档中的图形工具的"裁剪"进行调整，或利用设置对象格式进行拉伸调整，使其符合使用要求。如图 11.43 所示。BMP 格式的图形图片文件应用方法与此相同。限于篇幅，BMP 格式图片的具体操作过程在此从略。

图 11.43　调整 JPG 图片大小